新疆大学“双一流”建设系列教辅

微生物学教程习题集

主　编　樊永红
副主编　普　燕　申　彤
编　者　（按姓氏笔画排序）
申　彤　吕　杰　刘　颖
张贝贝　祖丽皮亚·玉努斯
高兴旺　普　燕　樊永红

電子工業出版社
Publishing House of Electronics Industry
北京·BEIJING

图书在版编目(CIP)数据

微生物学教程习题集 / 樊永红主编. -- 北京：电子工业出版社，2024. 11. --(新疆大学“双一流”建设系列教辅). -- ISBN 978-7-121-48800-9

Ⅰ. Q93-44

中国国家版本馆 CIP 数据核字第 2024G4S945 号

责任编辑：崔宝莹
印　　刷：北京虎彩文化传播有限公司
装　　订：北京虎彩文化传播有限公司
出版发行：电子工业出版社
　　　　　北京市海淀区万寿路 173 信箱　　邮编：100036
开　　本：787×1092　1/16　　印张：10.25　　字数：220 千字
版　　次：2024 年 11 月第 1 版
印　　次：2024 年 11 月第 1 次印刷
定　　价：32.00 元

凡所购买电子工业出版社图书有缺损问题，请向购买书店调换。若书店售缺，请与本社发行部联系，联系及邮购电话：(010)88254888，88258888。

质量投诉请发邮件至 zlts@phei.com.cn，盗版侵权举报请发邮件到 dbqq@phei.com.cn。

本书咨询联系方式：QQ 250115680。

前言

Foreword

自从荷兰人安东尼·范·列文虎克(Antony van Leeuwenhoek)用自制的显微镜观察到微生物以来，经过科学家们不断地探索研究，人们逐渐认识到了微生物的生命本质。微生物学的发展促进了工业发酵、医疗保健、环境保护和农业生产等各个领域的快速发展，极大地推动了人类社会的进步。微生物学是生物科学、生物技术、生物工程、食品科学与工程等许多相关专业的必修课程，学好微生物学知识显得尤为重要。

本书在编写过程中将立德树人的教育理念贯穿始终，通过多角度的课程思政教育内容，对学生进行潜移默化的教育；在传授专业知识的过程中，注重引导学生重温习近平总书记视察新疆大学时的重要讲话精神，引导学生铭记、感恩习近平总书记的关怀厚爱，牢记殷切嘱托，把感恩之心转化为维护之志、奋进之力，实现了思政教育、专业知识与专业实践的有机结合，同时引导学生在学习专业知识的过程中加深对习近平新时代中国特色社会主义思想的理解与认同，为奋力书写中国式现代化的新疆篇章贡献青春力量。为了帮助同学们更好地理解微生物的基本概念、原理和相应的实验技术，巩固课堂上所学的知识，培养和锻炼同学们发现问题、分析问题和解决问题的能力，同时也为了提升学生学习效果，我们编写了这本《微生物学教程习题集》，本书在编写过程中参考了周德庆教授主编的《微生物学教程》(第3版)、(第4版)的章节框架，还参考了周德庆教授和徐士菊教授编著的《微生物学精要·题解·测试》，肖敏教授和沈萍教授编写的《微生物学学习指导与习题解析》等经典教材；本书的主要特点是根据本课程的教学大纲要求精选题型；不同的知识点注重题目的选择，不仅有与教学大纲紧密贴合的选择题、与实验紧密相关联的判断题、还有与科学发展前沿相关联、知识拓展和难度增加的综述题，并附参考答案，便于学生学习时把握重点。本书习题中，有课程组教师教学中的自编习题，也参考、收集、整理了国内有关微生物学习题集中的部分习题。在此向原书作者及兄弟院校表示感谢。

全书各章编写分工如下：绪论为樊永红、普燕编写，第一章为高兴旺、张贝贝编写，第二章为刘颖、祖丽皮亚·玉努斯编写，第三章为张贝贝、申彤编写，第四章为高兴旺、樊永红编写，第五章、第七章为申彤、刘颖编写，第六章为祖丽皮亚·玉努斯、申彤编写，第八章、第九章为普燕、吕杰编写，第十章为樊永红、吕杰编写。最终统稿由樊永红总负责，普燕、申彤等协同一起完成。本书编写内容丰富、题型多样，希望对正在进行微生物学课程学习的学生或从事微生物学及相关教学、研究的同行有所帮助。

本书的编写得到了学校教务处和学院各级领导的支持，以及同行们的关心与帮助。在此一并表示衷心的感谢。最后，感谢研究生石岩磊对本书文字的校对。

由于时间仓促，编者水平有限，书中不妥之处敬请各位同行批评指正，以便再版时修订完善。

编　者

2024 年 5 月

目录

Contents

绪　论 …… 1
主要内容 …… 1
重点、难点 …… 1
习题 …… 2
第一章　原核生物的形态、构造和功能 …… 5
主要内容 …… 5
重点、难点 …… 6
习题 …… 6
第二章　真核微生物的形态、构造和功能 …… 14
主要内容 …… 14
重点、难点 …… 14
习题 …… 15
第三章　病毒与亚病毒因子 …… 21
主要内容 …… 21
重点、难点 …… 21
习题 …… 22
第四章　微生物的营养和培养基 …… 29
主要内容 …… 29
重点、难点 …… 29
习题 …… 29
第五章　微生物的新陈代谢 …… 35
主要内容 …… 35
重点、难点 …… 35

习题 …… 35
第六章　微生物的生长及其控制 …… 41
主要内容 …… 41
重点、难点 …… 41
习题 …… 42
第七章　微生物遗传变异和育种 …… 47
主要内容 …… 47
重点、难点 …… 47
习题 …… 48
第八章　微生物的生态 …… 53
主要内容 …… 53
重点、难点 …… 53
习题 …… 53
第九章　传染与免疫 …… 60
主要内容 …… 60
重点、难点 …… 60
习题 …… 61
第十章　微生物的分类和鉴定 …… 68
主要内容 …… 68
重点、难点 …… 69
习题 …… 69
习题参考答案 …… 72
绪　论 …… 72
第一章　原核生物的形态、构造和功能 …… 76
第二章　真核微生物的形态、构造和功能 …… 84
第三章　病毒与亚病毒因子 …… 93
第四章　微生物的营养和培养基 …… 102
第五章　微生物的新陈代谢 …… 109
第六章　微生物的生长及其控制 …… 116
第七章　微生物遗传变异和育种 …… 123

第八章　微生物的生态 …………………………………………………………………… 131
第九章　传染与免疫 ………………………………………………………………………… 140
第十章　微生物的分类和鉴定 …………………………………………………………… 150
参考文献 ……………………………………………………………………………………… 155

绪　论

主要内容

本章主要讲述了微生物的概念、微生物的五大共性以及人类对微生物世界的认识史、微生物与人类的关系、微生物学及其分类等内容。

微生物(microorganism)是一切肉眼看不见或看不清的微小生物的总称，是个体微小、构造简单的低等生物。根据其形态大小可粗分为：属于原核类的细菌(真细菌和古菌)、放线菌、蓝细菌、支原体、立克次体和衣原体；属于真核类的真菌(酵母菌、霉菌和蕈菌)、原生动物和显微藻类；属于非细胞类的病毒和亚病毒(类病毒、拟病毒和朊病毒)。

微生物由于其体形都极其微小，因而导致了一系列与之密切相关的 5 大共性：①体积小，面积大；②吸收多，转化快；③生长旺，繁殖快；④适应性强，易变异；⑤分布广，种类多。这 5 大共性不论在理论上还是在实践上都极其重要。微生物的小体积大面积的特性，必然有一个巨大的营养物质吸收面、代谢废物排泄面和环境信息的交换面，并由此产生其余 4 个共性。

由于微生物具有个体微小、外貌不显、杂居混生和因果难联等特点，所以整个微生物学发展史存在着重重障碍。我们不断地在克服各种障碍(如显微镜的发明、灭菌技术的运用、纯种分离和培养技术的建立等)，不断探究微生物的生命活动规律并开发、利用有益微生物以及控制、消灭有害微生物。人类自 17 世纪开始用显微镜观察微生物，一直到 19 世纪中叶才真正认识到了微生物的本质，从而把微生物学的发展史分为 5 个时期，即史前期、初创期、奠基期、发展期和成熟期。

随着人们对微生物生命活动规律研究的不断扩大和深入，人类逐步能自觉驾驭微生物为人类服务。微生物学的发展大大促进了人类的进步，包括对生命科学基础理论研究的推动，对医疗保健、工业生产、农业生产和环境保护等实践领域的发展。微生物学经历了 1 个多世纪的发展，已分化出大量的分支学科。

重点、难点

微生物的定义和 5 大共性，微生物学发展史的 5 个历史时期的特点及其开创者，微生物学的定义及其分支学科。

习题

一、名词解释

1. 微生物　2. 微生物学　3. 比面值　4. 科赫法则　5. 模式微生物

二、填空题

1. 微生物是一切______生物的总称，其特点是______、______、______。

2. 微生物主要包括：属于______类的______、______、______、______、______和______；属于______类的______、______和______等；以及属于______类的______和______。

3. 观察微生物的大小时，在光学显微镜下可以观察到______，一般以______为单位；在电子显微镜下可以观察到______和______，一般以______为单位。

4. 细胞型微生物根据其细胞结构特征又可分为______微生物和______微生物。

5. 微生物难以被认识的主要原因有：______、______、______、______等四个特点。

6. 微生物学发展史的五个时期：①第一个时期是______，代表人物是______；②第二个时期是______，代表人物是______；③第三个时期是______，代表人物是______和______；④第四个时期是______，代表人物是______；⑤第五个时期是______，代表人物是______和______。

7. 被称为"微生物学的先驱者"的是______世纪______国的______，他最早利用______观察到______。

8. 被称为"细菌学(实为医学微生物学)的奠基人"的是______世纪______国的______；固体培养基的发明人是______。

9. 被称为"微生物学的奠基人"的是______世纪______国的______。

10. 在生物学发展史上，______国的______用著名的______试验推翻了生命的自然发生说，并提出了生命来自生命的______学说。

11. 微生物的五大共性是______、______、______、______和______，其中最主要的共性是______。

12. 微生物学在 20 世纪生命科学发展的四大里程碑______、______、______、______中发挥了重大的作用。

13. 微生物种类多即微生物多样性主要体现在以下 5 个方面：______，______，______，______，______。

三、单项选择题

1. 关于微生物的特点，下列说法正确的是________。

   A. 都是多细胞的　　B. 细胞都有明显的核

   C. 一般需要用显微镜才能观察到　　D. 都可进行光合作用

2. 细菌学的奠基人是________。

   A. Louis Pasteur　　B. Robert Koch

   C. van Dyck　　D. van Leeuwenhoek

3. Louis Pasteur 采用曲颈瓶试验来________。

   A. 驳斥自然发生说　　B. 证明微生物致病

   C. 认识到微生物的化学结构　　D. 提出细菌和原生动物分类系统

4. 微生物学中铭记 Robert Koch 是由于________。

   A. 他证实了病原菌学说　　B. 他在实验室中成功地培养了病毒

   C. 他发展了被广泛采纳的分类系统　　D. 他提出了原核生物术语

5. 微生物学的奠基人是________。

   A. van Dyck　　B. Robert Koch

   C. Louis Pasteur　　D. van Leeuwenhoek

6. 首先发现青霉素的学者是________。

   A. 巴斯德　　B. 列文虎克

   C. 科赫　　D. 弗莱明

四、判断题(答 A 表示说法正确，答 B 表示说法不正确，不正确的题目须指出错误并修改)

1. 微生物所包括的是一些形体微小、构造简单的单细胞生物。（ ）
2. 微生物是一群个体微小、构造简单的低等生物。（ ）
3. 原核生物包括细菌、放线菌、酵母菌、支原体、立克次体和衣原体。（ ）
4. 真核类的真菌包括细菌、酵母菌和霉菌。（ ）
5. 可用光学显微镜观察病毒。（ ）
6. 17 世纪后期，微生物学先驱者列文虎克用自制的放大率约为 200 倍的一个透镜装在金属附件中，组成了一架单式显微镜并观察到了细菌。（ ）
7. 微生物学发展期的代表人物是 E. Buchner。（ ）
8. 被称为细菌学(实为医学微生物学)的奠基人是科赫。（ ）
9. 在微生物学纯种分离技术上做出过重大贡献的学者首推巴斯德。（ ）
10. 由于巴斯德开展了“酒病”的研究，从而使微生物学研究从形态学阶段推进到生物化学阶段。（ ）

五、简答题

1. 什么是微生物？微生物包括哪几类？
2. 微生物的特点有哪些？
3. 微生物难以被认识的主要原因有哪些？

4. 微生物的种类很多，即微生物多样性主要体现在哪几方面？
5. 德国的科赫作为细菌学的奠基人，证实某种微生物是某一传染病病原体的原则是什么？
6. 什么是微生物学？微生物学的任务是什么？现有的大量微生物学分支学科如何对它进行科学分类？

六、综述题

1. 微生物有哪 5 大共性？其中最基本的是哪一个？为什么？
2. 简述微生物学的发展怎样促进了人类的进步？请举例说明。
3. 微生物学发展史如何分期？各期的时间、实质、创始人和特点是什么？我国在微生物学发展史上占有什么地位？
4. 如何理解微生物是既有利又有弊的一把“双刃剑”？

第一章

原核生物的形态、构造和功能

主要内容

本章讲述了原核生物的形态、构造和功能。原核生物即广义的细菌，指一大类细胞核无核膜包裹，只存在核区的裸露 DNA 的原始单细胞生物，包括真细菌和古菌两大类。其中除少数属古菌外，多数原核生物都是真细菌。本章主要介绍了细菌(狭义的)、放线菌、蓝细菌、支原体、立克次体和衣原体。

细菌作为原核生物的一大类群，广泛分布于自然界、生物体表和体内。细菌可引起食物及工农业产品腐败变质、动植物及人类病害等；但也有越来越多的有益细菌被发掘并用于工、农、医、药、环保等领域，给人类带来极大的经济效益、社会效益和生态效益。此外，某些细菌还被作为模式生物在基础研究中发挥重要作用，如被誉为“生物界超级明星”的大肠杆菌为生命科学研究做出了很多贡献。本章讲述了细菌的形态、染色、一般构造(重点讲述了革兰氏阳性菌细胞壁的结构特点，以及细胞膜、细胞质、包涵体、核区等相关内容)、特殊构造及相应的功能(如糖被、鞭毛、菌毛、芽孢等)、繁殖、群体形态以及缺壁细胞(L 型细菌、原生质体、球状体、支原体)。

放线菌作为原核生物的又一重要类群，属于革兰氏阳性菌，广泛分布于含水量较低、有机物较丰富、微碱性的土壤中。泥土特有的泥腥味主要是由放线菌产生的土腥味素所引起的。本章讲述了放线菌的基本生物学特性、形态、构造、繁殖及群体特征，以及放线菌与人类的密切关系。

蓝细菌进化历史悠久，属于大型原核生物，革兰氏阴性菌，是地球上最早的光合产氧生物，广泛分布于地球上的各种环境之中，被誉为“先锋生物”。蓝细菌有着重要的经济价值和生态价值。同时，有的蓝细菌还是引发水华、赤潮的元凶，有的还会产生蓝细菌毒素危害人体健康。本章讲述了蓝细菌的特点及其几种特化形式(异形胞、静息孢子、链丝段、内孢子)。

支原体、立克次体和衣原体属于小型原核生物，属于革兰氏阴性菌，主要营细胞内寄生，且寄生性逐步增强，是介于细菌和病毒之间的一类原核生物。支原体、立克次体和衣原体与人类关系密切，不少种类是动物、植物和人类的病原微生物。本章介绍了支原体、立克次体、衣原体的基本特征等。

重点、难点

细菌、放线菌的形态结构、繁殖方式及菌落特征，革兰氏染色机制与步骤。

习题

一、名词解释

1. Prokaryote
2. Gram positive bacteria
3. Gram negative bacteria
4. 周质空间
5. 抗酸细菌
6. 古菌
7. 缺壁细胞
8. L 型细菌
9. 原生质体
10. 球状体
11. 间体
12. 细胞包含体
13. 糖被
14. 鞭毛
15. 趋性
16. 菌毛
17. 芽孢
18. 孢囊
19. 裂殖
20. 芽殖
21. Parasporal crystal
22. 菌落
23. 菌苔
24. Clone
25. Cloning
26. 放线菌
27. 基内菌丝
28. 气生菌丝
29. 孢子丝
30. 异形胞
31. 静息孢子
32. 链丝段
33. 内孢子
34. 赤潮
35. 水华

二、填空题

1. 根据外表特征可将原核生物分为 6 类：________、________、________、________、________、________。
2. 细菌的形态极其简单，基本形态有三种：________、________、________。
3. 根据细菌的形态，可将细菌分为三类：________、________、________。
4. 螺旋状的细菌称为________，根据螺旋数目的不同又分为________、________和________。
5. 一般球菌的直径为________ μm，杆菌的大小表示为________ μm × ________ μm。
6. 大肠杆菌长约________ μm，宽约 0.5μm，其大小表示为________ μm × ________ μm（宽或直径 × 长度）。
7. 细菌的一般构造包括：________、________、________、________。
8. 细菌的特殊构造主要包括：________、________、________、________、________。
9. 细菌细胞壁的主要成分是________。
10. 革兰氏阳性菌细胞壁主要含有________和________。

11. 革兰氏阳性菌与革兰氏阴性菌两者细胞壁在化学组成上，主要差异为前者主要含____________，后者主要含____________。
12. 肽聚糖分子由____________和____________两部分组成，前者包括____________和____________，后者由____________、____________两种单糖相互间隔连接形成长链。
13. 金黄色葡萄球菌是革兰氏____________菌。
14. 磷壁酸是结合在 G^+ 细胞壁上的一种酸性多糖，主要成分是甘油磷酸或核糖醇磷酸，可分为两类：____________、____________。
15. 大肠杆菌是革兰氏____________菌。
16. 革兰氏染色法是鉴别细菌的重要方法，染色的要点如下：先用草酸铵结晶紫初染，再加____________媒染，使菌体着色，然后用____________或____________脱色，最后用____________复染，呈____________色为革兰氏阳性菌，呈____________色为革兰氏阴性菌。
17. 革兰氏染色后颜色呈____________色的细菌属革兰氏阴性菌，呈____________色的细菌属革兰氏阳性菌。
18. 糖被按其有无固定层次、层次厚薄又可分为 4 种，分别为____________、____________、____________和____________。
19. 原核生物（包括古菌）的鞭毛都有共同的构造，都由____________、____________、____________三部分组成，G^+ 和 G^- 的鞭毛构造稍有区别。
20. 细菌的休眠构造除芽孢外，还有数种其他形式，主要的如____________。
21. 典型的放线菌菌丝体分为____________、____________、____________。在放线菌发育过程中，吸收水分和营养的器官为____________：其向上不断向空间方向分化出颜色较深、较粗的分枝菌，这就是____________________。其成熟后可分化为____________，在其上可产生成串的____________。
22. 原核生物/细菌/蓝细菌核糖体的沉降系数是____________。
23. 蓝藻的营养类型为____________。
24. 地球上最早的光合产氧生物是____________。
25. 蓝细菌在地球上已生存三十多亿年，广泛分布于自然界各处，即使在恶劣环境中都有其踪迹，因此有“____________”的美称。
26. 支原体细胞膜中含有一般原核生物所没有的____________，故即使缺乏细胞壁，其细胞膜仍具有较高的机械强度。
27. 对细菌简单染色的一般步骤是____________、____________、____________、____________、____________、____________。常用的染料有____________和____________等。
28. 细菌细胞质内存在于染色体外或附加于染色体上的遗传物质，绝大多数由共价闭合环状双螺旋 DNA 分子构成，此结构称为____________。

三、单项选择题

1. 原核微生物主要有 6 类，它们是________。

   A. 细菌、放线菌、蓝细菌、立克次体、衣原体和螺旋体

B. 细菌、放线菌、蓝细菌、黏菌、立克次体和衣原体

C. 细菌、放线菌、蓝细菌、黏菌、支原体和立克次体

D. 细菌、放线菌、蓝细菌、立克次体、支原体和衣原体

2. 细菌的繁殖方式主要是________。

A. 形成有性孢子　　B. 有性接合　　C. 分裂繁殖　　D. 菌丝体断裂

3. 下述________类细菌形成的菌落，往往较小、较厚、较湿润、边缘极其圆整。

A. 球菌　　B. 杆菌　　C. 螺旋菌　　D. 螺旋体

4. 关于细菌的形态和大小的描述，以下正确的是________。

A. 细菌的形态包括球菌、杆菌、螺旋菌、丝状菌

B. 杆菌有长杆菌、短杆菌、弧杆菌、链杆菌和芽孢杆菌之分

C. 在任何情况下，细菌的形态都是稳定的

D. 多数球菌的直径为 $0.5 \sim 2.0\mu m$

5. 球状细菌分裂后排列成链状称为________。

A. 双杆菌　　B. 链球菌　　C. 螺旋体　　D. 葡萄球菌

6. 属于细菌细胞特殊结构的为________。

A. 菌毛　　B. 细胞壁　　C. 细胞膜　　D. 核区

7. 属于细菌细胞基本结构的为________。

A. 荚膜　　B. 核区　　C. 芽孢　　D. 鞭毛

8. 下列不是原核细胞结构的是________。

A. 染色体　　B. 叶绿体　　C. 鞭毛　　D. 荚膜

9. 下列对革兰氏阳性菌和革兰氏阴性菌细胞壁叙述正确的是________。

A. 阳性菌含肽聚糖，阴性菌不含　　B. 阴性菌含脂多糖，不含磷酸壁

C. 阳性菌含磷壁酸和脂多糖　　D. 阴性菌含大量肽聚糖

10. G^+细胞壁中含有________。

A. 脂多糖　　B. 磷壁酸　　C. 结晶紫　　D. 溶菌酶

11. 下列关于细菌细胞壁的说法正确的是________。

A. 细菌细胞壁常含磷壁酸

B. 赋予细菌特定的抗原性以及对抗生素和噬菌体的敏感性

C. 细胞壁上有纤毛

D. 是微生物鉴别的唯一依据

12. 下列________细菌形成的菌落，往往外形很不透明或有“干燥”之感，并且表面一般有粗糙和皱褶感。

A. 产芽孢　　B. 产荚膜　　C. 具鞭毛　　D. 具伴孢晶体

13. G^+细胞壁的主要化学成分有________。

A. 萄聚糖　　B. 磷壁酸　　C. 几丁质　　D. 肽聚糖

14. G^-细胞壁中的特有成分是________。

A. 肽聚糖　　B. 磷壁酸　　C. 脂蛋白　　D. 脂多糖

15. 下述不是磷壁酸的功能的是________。

A. 内毒素　　B. 可用于菌种鉴定

C. 噬菌体的吸附受体　　D. 能浓缩钙、镁等二价阳离子

16. 对大肠杆菌的描述错误的是________。

A. 不生荚膜与芽孢　　B. 周生鞭毛可以运动

C. 属于革兰氏阳性菌　　D. 一般无致病性

17. 致病性革兰氏阴性菌细胞壁组成中具有________。

A. 核心多糖　　B. *O* – 特异侧链　　C. 类脂 A　　D. 脂蛋白

18. 鞭毛的化学组成主要是________。

A. 多糖　　B. 脂类　　C. 蛋白质　　D. 核酸

19. *E. coli* 细菌的鞭毛着生位置是________。

A. 偏端单生　　B. 两端单生　　C. 偏端丛生　　D. 周生鞭毛

20. 肽聚糖的多样性主要取决于________。

A. 四肽尾　　B. 肽桥

C. N – 乙酰葡糖胺的数目　　D. N – 乙酰胞壁酸的数目

21. 下面关于芽孢的叙述，正确的是________。

A. 所有细菌在其生长的一定阶段，均可形成芽孢

B. 所有细菌在其生长的全部阶段，均可形成芽孢

C. 所有芽孢细菌在其生长的全部阶段，均可形成芽孢

D. 所有芽孢细菌在其生长的一定阶段，均可形成芽孢

22. 芽孢细菌的繁殖主要依靠________。

A. 芽孢　　B. 裂殖　　C. 出芽　　D. 藻殖

23. 不同微生物对 pH 的嗜好不同，放线菌对 pH 的要求是________。

A. 偏碱性　　B. 中性　　C. 偏酸性　　D. 酸碱都可

24. 在放线菌发育过程中，吸收水分和营养的器官为________。

A. 基内菌丝　　B. 气生菌丝　　C. 孢子丝　　D. 孢子

25. 放线菌液体发酵培养时，其主要借助________方式进行繁殖。

A. 有性孢子　　B. 无性孢子　　C. 菌丝体断裂　　D. 有性接合

26. 研究发现，放线菌孢子的形成可通过________两条途径实现。

A. 细胞膜内陷和细胞壁、细胞膜同时内陷

B. 细胞膜内陷和细胞壁内陷

C. 细胞质凝聚和细胞壁内陷

D. 细胞质凝聚和细胞壁、细胞膜同时内陷

27. 在自然界中，放线菌主要通过________的方式进行繁殖。

A. 裂殖　　B. 有性接合

C. 形成各种孢子　　D. 菌丝体断裂

28. 能产生大量分枝和气生菌丝的放线菌菌落，与培养基的结合，往往具有如下特征________。

A. 较松，极易挑取　　B. 较松，不易挑取
C. 较紧，容易挑取　　D. 较紧，不易挑取

29. 与细菌相比，放线菌菌落的特征是________。

A. 湿润，较大，光滑，透明，易挑取
B. 干燥，较大，光滑，不透明，不易挑取
C. 湿润，小型，皱褶，透明，不易挑取
D. 干燥，小型，紧密，不透明，不易挑取

30. 以下对放线菌菌落的描述，正确的是________。

A. 放线菌的菌落由一个分生孢子或一段营养菌丝生长繁殖而成
B. 链霉菌属的菌落由菌丝缠绕而成，质地紧密，不易挑取
C. 诺卡菌属的菌落呈白色粉末状，质地松散，容易挑取
D. 放线菌的菌落比其他微生物的菌落大，生长快，易蔓延

31. 关于细菌，下列说法中正确的是________。

A. 可以没有细胞壁，绝不能没有细胞膜　　B. 既不能无壁也不能无膜
C. 可以无膜但不能无壁　　D. 以上答案都不对

32. 原核微生物能量代谢及很多合成代谢的部位是________。

A. 质膜　　B. 线粒体　　C. 高尔基体　　D. 核糖体

33. 在显微镜中，物镜的放大倍数越大，工作距离________。

A. 越长　　B. 越短　　C. 不变　　D. 无法判断

34. 下列哪种生物不属于“先锋生物”________。

A. 地衣　　B. 苔藓　　C. 蓝细菌　　D. 放线菌

35. 链霉菌菌落表面的典型特征是________。

A. 黏稠　　B. 奶油状
C. 膏状　　D. 颗粒、粉质或绒状

36. 蓝细菌的“色素天线”是指________。

A. 藻青素和藻红素　　B. 胡萝卜素
C. 叶绿素 a　　D. 氧化胡萝卜素

37. 下列________与噬菌体的识别和吸附无关。

A. 细胞壁　　B. 肽聚糖　　C. 脂多糖　　D. 磷壁酸

38. 下述细菌能通过细菌过滤器的是________。

A. 大肠杆菌　　B. 立克次体　　C. 支原体　　D. 分枝杆菌

39. 没有细胞壁的原核微生物是________。

A. 立克次体　　B. 支原体　　C. 衣原体　　D. 螺旋体

40. 支原体、衣原体、立克次体的共同特征是________。

A. 通过细菌滤器　　B. 缺少产酶的酶系统
C. 二分裂　　D. 对干扰素敏感

41. 下列哪项不具抗原特性________。

A. 细胞壁　B. 磷壁酸　C. 脂多糖　D. N－乙酰葡糖胺

42. 下述与赤潮有关，并产生一种神经毒素的藻类是________。

A. 褐藻　B. 红藻　C. 绿藻　D. 甲藻

43. 下列选项中，生鞭毛最多的细菌是________。

A. 螺旋菌　B. 杆菌　C. 球菌　D. 假菌丝

四、判断题(答A表示说法正确，答B表示说法不正确，不正确的题目须指出错误并修改)

1. 原核微生物主要有6类，即细菌、放线菌、蓝细菌、立克次体、支原体和衣原体。（　）
2. 细菌往往导致食物腐败和人类疾病等，因此，如果地球生态系统没有细菌，人类将会生活的更好。（　）
3. 在自然界所存在的细菌中，杆菌最常见，球菌次之，螺旋菌最少。（　）
4. 量度细菌大小的单位是微米(μm)。（　）
5. 量度亚细胞构造的单位是纳米(nm)。（　）
6. 细菌均是肉眼不可见的。（　）
7. 大肠杆菌和枯草芽孢杆菌属于单细胞生物，唾液链球菌和金黄色葡萄球菌属于多细胞生物。（　）
8. 革兰氏染色法属于活菌染色的一种方法。（　）
9. 原核微生物的主要特征是细胞内没有成形的细胞核，只有核区。（　）
10. 磷壁酸只在G^+细胞壁上存在，而LPS则仅在G^-细胞壁上存在。（　）
11. *O*－特异侧链决定G^+细胞壁抗原特异性。（　）
12. 只能通过质壁分离后用光学显微镜观察细菌细胞壁。（　）
13. 因为G^+比G^-具有更厚的肽聚糖层，因此G^+比G^-更能抵抗溶菌酶的破坏作用。（　）
14. 金黄色葡萄球菌、大肠杆菌都属于革兰氏阳性菌。（　）
15. 因为G^+细胞壁具有较厚的肽聚糖层，因此G^+比G^-更能抵抗毒物和抗生素的毒害。（　）
16. “栓菌”实验证明了鞭毛的运动方式符合“旋转论”，而非“挥鞭论”。（　）
17. 芽孢是细菌的一种休眠构造。（　）
18. 芽孢的生成是细菌繁殖的表现。（　）
19. 芽孢可保持休眠数千年，遇到合适环境可发芽形成一个细胞。（　）
20. 几乎所有细菌均能产芽孢。（　）
21. 芽孢和孢囊均为抗逆性强的一种生命体构造，因此都能抗热。（　）
22. 凡由产芽孢细菌形成的菌落，其表面往往光滑而黏稠。（　）
23. 芽孢在形成过程中，芽孢衣形成在前，前芽孢形成在后。（　）

24. 放线菌一般分布于含水量较低，有机质丰富和微碱性土壤中。 ( )
25. 细菌和放线菌最适的 pH 为中性、微碱性。 ( )
26. 放线菌、细菌生长适宜的 pH 范围是中性偏酸。 ( )
27. 在光学显微镜下，放线菌的基内菌丝比气生菌丝色淡且较细。 ( )
28. 放线菌的气生菌丝除了向培养基的四周和内层扩展，还不断向空间伸展分化。 ( )
29. 根据链霉菌菌丝形态和功能的不同可分为：气生菌丝、基内菌丝和孢子丝。 ( )
30. 放线菌孢子丝的形态和排列方式随菌种而异，故其特征不能作为菌种鉴定的依据。 ( )
31. 形成分生孢子是放线菌进行无性繁殖的唯一方式。 ( )
32. 放线菌的繁殖方式主要是芽殖。 ( )
33. 能产生大量分枝和气生菌丝的放线菌所形成的菌落，其特征之一是：质地致密、表面呈紧密绒状或坚实、干燥、多皱。 ( )
34. 放线菌菌丝细，所以菌落小而疏松，霉菌菌丝粗，所以菌落大而紧密。 ( )
35. 与细菌相比，放线菌的菌落干燥、不透明、表面呈紧密绒状。 ( )
36. 蓝细菌是地球上最早的光合产氧生物。 ( )
37. 立克次体没有细胞壁，可通过细菌过滤器。 ( )
38. 专性寄生菌并不局限于利用有生命力的有机物作为碳源。 ( )
39. 显微镜的放大倍数越高，其视野越大。 ( )
40. 伴孢晶体是少数芽孢杆菌产生的糖蛋白昆虫毒素。 ( )
41. 微生物从一个细胞繁殖得到的后代称为该微生物的纯培养。 ( )
42. 在自然界中，含微生物总量最多的自然环境是土壤。 ( )
43. 仅原核微生物中的某些属种可进行有氧呼吸。 ( )
44. 原核微生物比真核微生物更能在高温下生长。 ( )

五、简答题

1. 原核生物主要包含哪几类？与真核微生物相比其细胞结构最主要的特点是什么？
2. 请简要说明细菌的一般特征。
3. 请简要说明细菌对人类的害处和益处。
4. 请简述细菌细胞壁的主要功能。
5. G^+ 和 G^- 细胞壁组成上有哪些区别？
6. 请简述溶菌酶杀灭 G^+ 的原理。
7. 请简要说明脂多糖的主要功能。
8. 请比较 L 型细菌和支原体的异同。
9. 何谓缺壁细胞？如何获取壁细胞？
10. 什么是菌落？试讨论微生物的细胞形态与菌落形态之间的相关性。

六、综述题

1. 请简述四类缺壁细菌的形成、特点及实践意义。
2. 试述革兰氏染色的步骤及机制。
3. 请简述糖被的主要生理功能及其与人类的关系。
4. 龋齿的形成与某些产荚膜细菌有关吗？请解释。
5. 请简述芽孢的特性。
6. 请举例说明放线菌与人类的密切关系。

第二章

真核微生物的形态、构造和功能

主要内容

本章讲述了真核微生物在细胞形态结构及细胞器特征和功能等方面的内容，包括真核和原核微生物的异同；酵母菌的分布及应用，形态结构介绍和生活史；霉菌分布及与人类的关系，形态结构和生活史等。

酵母菌作为真核生物的一大类群，在偏酸的含糖环境中，在水果、蜜饯的表面和果园土壤中最为常见。酵母菌被认为是人类的“第一种家养微生物”。千百年来，人类几乎离不开酵母菌，例如酒类的生产，面包的制作，乙醇和甘油发酵，石油及油品的脱蜡，饲用、药用和食用单细胞蛋白的生产，从菌体中提取核酸、麦角甾醇、辅酶 A、细胞色素 c、凝血质和维生素等生化药物和试剂，制成的酵母膏用作培养基等原料。此外，近年来在基因工程中酵母菌还以最好的真核微生物模式而被用作表达外源蛋白功能的优良“工程菌”。本章讲述了酵母菌的基本生物学特性、形态、构造、繁殖及群体特征、酵母菌与人类的密切关系。

霉菌作为真核生物的又一大类群，分布极其广泛，只要存在有机物的地方就能找到它们的踪迹。它们在自然界中扮演着有机物分解者的重要角色，促进了整个地球上生物圈的繁荣发展。霉菌与工农业生产、医疗实践、环境保护和生物学基础理论研究等都有着密切的关系。本章讲述了霉菌的基本生物学特性、形态、构造、繁殖及群体特征、霉菌与人类的密切关系。

蕈菌又称伞菌，通常是指那些能形成大型肉质子实体的真菌，包括大多数担子菌类和极少数的子囊菌类。蕈菌广泛分布于地球各处，在森林落叶地带更为丰富。它们与人类的关系密切，一直被认为是“化腐朽为神奇”的生物，食用菌产业已被证明是“五不争”的产业(不与人争粮，不与粮争地，不与地争肥，不与农争时，不与其他行业争资源)，从而使食用菌成为了我国继粮、棉、油、果、菜后的第六大农产品。本章讲述了蕈菌的基本生物学特性、形态、构造、繁殖。

重点、难点

真核生物的细胞结构特征及其与原核生物的差异，酵母菌和霉菌的形态结构特征、繁殖方式和生活史。

习题

一、名词解释

1. 假根　2. 假菌丝　3. 真菌丝　4. 子囊果
5. 生活史　6. 气生菌丝体　7. 营养菌丝体　8. 锁状联合
9. 膜边体　10. 溶酶体　11. 微体　12. 几丁质酶体
13. 单细胞蛋白　14. 菌环　15. 子实体　16. 蕈菌
17. 菌丝体　18. 基内菌丝　19. 菌索　20. 菌网

二、填空题

1. 真菌的无性繁殖方式有________、________、________和________。
2. 酵母菌的无性繁殖方式主要有________、________。
3. 真菌有性孢子的种类有________、________、________和________四种；真菌无性孢子的种类有________、________、________、________和________五种。
4. 根霉的形态特征是具有________和________且菌丝________；曲霉的形态特征是具有________和________，且菌丝________；青霉的形态特征是具有扫帚状的________。
5. 气生菌丝体主要特化成各种形态的子实体，产生无性孢子的简单子实体有几种类型。常见的如________菌产生的________；________菌产生的________。
6. 真菌的繁殖能力很强，主要用________进行繁殖，也可以用________进行无性繁殖。
7. 子囊果有________、________和________三种类型。
8. 酵母菌产生的有性孢子为________。
9. 存在有性生殖的不同酵母菌的生活史存在差异：路德类酵母的营养体只能以________形式存在，酿酒酵母的营养体能以________和________形式存在，八孢裂殖酵母的营养体能以________形式存在。
10. 根据霉菌菌丝尖端细胞各部位成熟程度的不同，从顶端开始，依次分为________、________、________、________等几个部分。
11. 脉孢菌（红色面包霉）是面包房的有害菌，这与其生物学特征有关，如分生孢子________，所以不容易被杀灭；________，所以也更易于扩散，造成污染。
12. 霉菌有性繁殖所形成的有性孢子有________、________、________三种类型。
13. 真核微生物中的真菌主要有________、________、________。

14. 霉菌的膜边体是一种特殊的膜结构，它是一种位于菌丝细胞四周的____________与____________间、由____________包裹的细胞器。
15. 真菌的营养菌丝体可以特化成很多特殊的形态，如用于吸取养料的有____________或____________。
16. 霉菌营养菌丝的特化形态有：____________、____________、____________、附着胞、附着枝、菌核、菌索、菌环等。
17. 真菌细胞壁的主要成分是____________，另有少量的____________和____________。
18. 低等真菌细胞壁的成分以____________为主，酵母菌以____________为主，而高等陆生真菌则以____________为主。
19. 真核细胞的核糖体比原核细胞的大，其沉降系数一般为____________，核糖体除分布在内质网和细胞质中外，还存在于线粒体和叶绿体中，但在那里都是一些与原核生物相同的____________核糖体。
20. 叶绿体的构造由三部分组成，包括____________、____________和____________。
21. 酵母菌细胞壁呈三明治状，外层为____________，内层为____________，中间夹着一层____________。
22. 根据菌丝中是否存在隔膜，霉菌的菌丝可分为____________和____________两大类，前者为一些毛菌属和根霉属等低等真菌所具有，后者为曲霉素和青霉素等高等真菌所具有。
23. 霉菌菌丝体分为两类，一类是主要执行吸收营养物质功能的菌丝体，称____________，而生长到空间的菌丝体，则称____________。
24. 真菌在液体培养基中进行通气搅拌或震荡培养时，往往会产生____________的特殊结构。这时，菌丝体相互紧密缠绕形成颗粒，均匀地悬浮于培养液中，有利于氧的传递以及营养物和代谢产物的输送，对菌丝的生长和代谢产物形成有利。
25. 真菌孢子的特点是____________、____________、____________、____________以及形态色泽各异，____________和____________。
26. 霉菌的菌落形态特征有____________，____________，____________，____________，呈现或松或紧的蜘蛛网状，绒毛状，棉絮状或毡状。

三、单项选择题

1. 下列属于真菌有性孢子的是________。

A. 游动孢子　B. 子囊孢子　C. 分生孢子　D. 节孢子

2. 酵母菌属于哪类微生物________。

A. 好氧型　B. 厌氧型　C. 兼性厌氧型　D. 微厌氧型

3. 下列是真菌的无性孢子的是________。

A. 担孢子　B. 接合孢子　C. 子囊孢子　D. 厚垣孢子

4. 一种真菌产生孢囊孢子和接合孢子，菌丝中无横隔膜，它属于________。

A. 子囊菌门　B. 担子菌门　C. 接合菌门　D. 半知菌类

5. 霉菌适宜生长的 pH 范围为________。

A. <4.0　　B. 4.0～6.0　　C. 6.5～8.0　　D. 8.0

6. 酵母菌常用于酿酒工业中，其主要产物为________。

A. 乳酸　　B. 乙醇　　C. 丁酸　　D. 乙酸

7. 真菌界发现的两个类群生物是________。

A. 病毒和酵母菌　　B. 酵母菌和霉菌

C. 霉菌和细菌　　D. 细菌和原生动物

8. 以锁状联合为生长方式的是担子菌的________。

A. 双核的初生菌丝　　B. 单核的初生菌丝

C. 单核的次生菌丝　　D. 双核的次生菌丝

9. 真核微生物能量代谢的部位是________。

A. 质膜　　B. 线粒体　　C. 高尔基体　　D. 核糖体

10. 下列关于酵母菌的描述正确的是________。

A. 只能进行无性繁殖　　B. 常生活在极端环境中

C. 能发酵糖类产能　　D. 菌落透明，呈圆形

11. 真核微生物细胞质中核糖体沉降系数为________。

A. 70s　　B. 60s　　C. 80s　　D. 90s

12. 下列多种霉菌孢子中不属于无性孢子的是________。

A. 厚垣孢子　　B. 子囊孢子　　C. 节孢子　　D. 游动孢子

13. 下列微生物中不是真核微生物的是________。

A. 白僵菌　　B. 链霉菌　　C. 酿酒酵母　　D. 米曲霉

14. 根霉的有性孢子和曲霉的无性孢子分别是________。

A. 接合孢子和子囊孢子　　B. 接合孢子和分生孢子

C. 孢囊孢子和分生孢子　　D. 孢囊孢子和子囊孢子

15. 真菌细胞壁的主要成分是________。

A. 多糖　　B. 肽聚糖　　C. 蛋白质　　D. 脂质

16. 出芽繁殖的酵母菌细胞，当子细胞离开母细胞时，在母细胞上留下一个________。

A. 蒂痕　　B. 微体　　C. 芽痕　　D. 膜边体

17. 酵母菌细胞内液泡的功能是________。

A. 营养物和水解酶贮存库　　B. 调节渗透压

C. 同时具有 A 和 B　　D. 便于细胞发芽

18. 酵母菌细胞内除了细胞核里含有 DNA 外，其他含有 DNA 的部分还有________。

A. 色素体和内质网　　B. 线粒体和 2μm 质粒

C. 内质网和 2μm 质粒　　D. 内质网和线粒体

19. 能产生菌环和菌网的真菌是________。

A. 毛霉目的真菌　　B. 虫霉目的真菌　　C. 内孢目的真菌　　D. 捕虫菌的真菌

20. 酿酒酵母的营养体是________。
    A. 单倍体　B. 二倍体
    C. 单倍体和二倍体同时存在　D. 多倍体
21. 毛霉的菌丝特征是________。
    A. 菌丝无隔膜　B. 产生分生孢子　C. 有假根　D. 有足细胞
22. 酵母菌细胞壁由特殊成分组成，其外层、中层、内层分别是________。
    A. 甘露聚糖，蛋白质，葡聚糖　B. 葡聚糖，蛋白质，甘露聚糖
    C. 几丁质，蛋白质，葡聚糖　D. 纤维素，甘露聚糖，葡聚糖
23. 真酵母是指________。
    A. 产假菌丝的酵母菌　B. 产真菌丝的酵母菌
    C. 只进行无性繁殖的酵母菌　D. 具有有性繁殖的酵母菌
24. 假酵母是指________。
    A. 产假菌丝的酵母菌　B. 不产生菌丝的酵母菌
    C. 只进行无性繁殖的酵母菌　D. 具有有性繁殖的酵母菌
25. 脉胞菌是遗传研究的好材料，是因为________。
    A. 子囊孢子在子囊内表现出有规律的遗传组合
    B. 脉胞菌是真菌中较高级的类型
    C. 一般情况下，很少进行有性生殖
    D. 菌体内有丰富的蛋白质和维生素
26. 在真菌中，菌丝特化产生假根和匍匐菌丝的是________。
    A. 根霉　B. 曲霉　C. 青霉　D. 脉胞菌
27. 能产生大型肉质实体的真菌又被称为________。
    A. 蕈菌　B. 霉菌　C. 根霉　D. 链球菌
28. 毛霉的主要特征是________。
    A. 菌丝无隔，产孢囊孢子　B. 菌丝有隔，产孢囊孢子
    C. 菌丝无隔，产分生孢子　D. 菌丝有隔，产分生孢子
29. 在12世纪的宋代，我国人民就已经根据________具有耐酸和耐高温的特性，采用高温培养法进行酿酒。
    A. 红曲霉　B. 黄曲霉　C. 毛霉　D. 根霉
30. 在生物界分类中食用菌属于________。
    A. 病毒界　B. 真菌界
    C. 原核原生生物界　D. 真核原生生物界
31. 观察未经染色的酵母细胞细胞核的存在，可以用________。
    A. 相差显微镜　B. 暗视野显微镜
    C. 油镜　D. 负染电子显微镜
32. 下列微生物中不能利用分子氮的是________。
    A. 霉菌　B. 弗兰克菌　C. 根瘤菌　D. 圆褐固氮菌

33. 八孢裂殖酵母的营养体是________。
  A. 单倍体 B. 二倍体
  C. 单倍体和二倍体同在 D. 多倍体

34. 以芽殖为主要繁殖方式的微生物是________。
  A. 细菌 B. 酵母菌 C. 霉菌 D. 病毒

35. 下列孢子中属于霉菌无性孢子的是________。
  A. 子囊孢子 B. 孢囊孢子 C. 卵孢子 D. 接合孢子

36. 霉菌适宜生长的 pH 为________。
  A. 中性 B. 中性偏碱 C. 中性偏酸 D. 酸性

四、判断题（答 A 表示说法正确，答 B 表示说法不正确，不正确的题目须指出错误并修改）

1. 蕈菌的双核菌丝通过锁状联合进行分裂和繁殖。（ ）
2. 担孢子是单核菌丝形成的。（ ）
3. 黏菌属于真菌。（ ）
4. 原生动物的鞭毛和纤毛都是 9 + 2 型的。（ ）
5. 一般在老龄的酵母菌中，液泡大而明显。（ ）
6. 子囊菌亚门产生的有性孢子为孢囊孢子。（ ）
7. 曲霉菌产生的有性孢子是担孢子。（ ）
8. 单细胞藻类和原生动物属于真核微生物。（ ）
9. 原核细胞中只含有 70*s* 的核糖体，而真核细胞中只含有 80*s* 的核糖体。（ ）
10. 因为不具有吸收营养的功能，所以根霉的根被称为“假根”。（ ）
11. 酵母菌只能以芽殖的方式进行无性生殖。（ ）
12. 酵母菌任何细胞上的蒂痕仅一个，而芽痕有 1 ~ 10 余个。（ ）
13. 霉菌菌落正反面颜色差异明显，其原因是由于气生菌丝分化出的子实体和孢子的颜色往往比深入在固体基质中的营养菌丝的颜色深。（ ）
14. 酵母菌是单细胞的原核微生物。（ ）
15. 蘑菇、霉菌和酵母菌都属于原核生物。（ ）
16. 培养真菌最好是碱性的环境。（ ）
17. 酵母菌更适宜在酸性环境下生长。（ ）
18. 裂殖酵母的裂殖和细菌的分裂繁殖相似，是由一个细胞分裂成两个大小相等的子细胞。（ ）
19. 在培养条件不适宜的情况下，真菌菌丝在固体培养基表面容易形成菌丝球。（ ）
20. 几丁质酶体是一种活跃于各种真菌菌丝体顶端细胞的微泡囊。（ ）
21. 已有许多证据说明古细菌的蛋白质合成开始于甲硫氨酸，与真核生物相同。（ ）

22. 酿酒酵母是在不同生活史类型中，其营养体既能以单倍体又能以二倍体形式存在的一个典型代表。 ( )
23. 蜗牛消化酶既可用于去除酵母菌细胞壁以获得原生质体，也可以用来去掉子囊壁以获得子囊孢子。 ( )
24. 要获得酵母菌的原生质体，可用蜗牛消化酶去除细胞壁。 ( )

五、简答题

1. 真菌的无性孢子和有性孢子分别有那些类型？请列表说明。
2. 简述酵母菌的有性生殖，举例说明存在有性生殖的酵母菌生活史的三个类型。
3. 简述根霉与毛霉的异同。
4. 简单介绍真菌的主要类群及特点。
5. 请简述酵母菌的定义及其特点。

六、综述题

1. 请列表说明细菌、酵母菌、放线菌和霉菌的细胞的菌落特征。
2. 试从细胞核、细胞膜、核糖体、细胞大小、细胞壁、繁殖方式、分裂方式等方面分析原核微生物和真核微生物的主要区别，并列表说明。
3. 结合微生物实验，简述细菌、放线菌及霉菌常采用何种方法制片观察，并简述原因。
4. 为何现代学术界总是把蕈菌作为微生物学的研究对象，而不是植物学的研究对象？
5. 请列表比较细菌、放线菌、酵母菌和霉菌细胞壁成分及原生质体制备方法的异同。
6. 简述酵母菌与人类的关系。
7. 简述霉菌与人类的关系。
8. 什么是单细胞蛋白？为什么酵母菌是一种优良的单细胞蛋白？
9. 简述 *Sacharomyces Cerevisiae* 的生活史，并说明其各个阶段的特点。
10. 请简述蕈菌锁状联合的概念，并用图表示锁状联合过程。

第三章

病毒与亚病毒因子

主要内容

本章主要针对病毒与亚病毒因子，阐述了病毒分类、结构组成和繁殖方式等方面的内容，并简要介绍了植物、动物、昆虫病毒及亚病毒因子。此外，针对病毒在生物防治和基因工程中的应用潜能也做了详细描述。

病毒颗粒是一类结构简单的非细胞生物体，其典型组成包括基因组、衣壳蛋白、包膜和刺突蛋白，通常分为螺旋对称、二十面体对称和复合对称结构。而烟草花叶病毒、腺病毒和 T 偶数噬菌体是其中三种病毒的经典代表，它们在核酸种类和结构表现上差异明显。此外，它们在分类学上也显示出了巨大的差异，拥有 6 目、87 科、19 亚科、349 属和 22 844 种的庞大家族。其中研究较为透彻的 4 类病毒，即原核生物病毒、植物病毒、人类和脊椎动物病毒及昆虫病毒，在结构特征和繁殖方式等方面的异同为我们深刻理解病毒提供了丰富的依据。

亚病毒因子是一列结构组成和生命周期不符合典型病毒粒子定义的分子病原体，主要分为两类：只含有核酸或蛋白质成分，同时含有核酸和蛋白质成分。拟病毒、卫星病毒、卫星 RNA 和朊病毒等亚病毒因子的相关内容的呈现，拓展了我们对病毒，尤其是非典型病毒的认识。

病毒与人类的关系极为密切，利用病毒服务于工业、农业和食品行业具有悠久的历史。在基因工程中，通过对病毒载体进行定向改造，能够使得重组病毒携带外源基因，达到获取目的蛋白、转基因植物和疫苗等产品的目的，从而给人类发展带来了巨大的经济和社会效益。

重点、难点

典型病毒的形态结构、组成和分类，噬菌体的繁殖方式，病毒的应用。

习题

一、名词解释

1. 溶原性
2. 类病毒
3. 温和噬菌体
4. 效价
5. 一步生长曲线
6. 朊病毒
7. 病毒
8. 烈性噬菌体
9. 溶原菌
10. 拟病毒
11. 卫星病毒
12. 噬菌体早期转录
13. 自外裂解
14. 裂解量
15. 人畜共患病病原体
16. 刺突蛋白
17. 核型多角体病毒
18. 质型多角体病毒
19. 前病毒
20. 卫星 RNA
21. 辅助病毒
22. 潜伏期
23. 裂解期

二、填空题

1. 烟草花叶病毒是____________对称体，腺病毒是____________对称体，T 偶数噬菌体是____________对称体。
2. 通过烈性噬菌体一步生长曲线，可获得其三个重要的特征参数，分别是____________、____________和____________。
3. 烈性噬菌体一步生长曲线可分为____________、____________和____________三个时期。
4. 昆虫病毒的种类有____________、____________、____________和____________四类。
5. T4 噬菌体的吸附位点是____________。
6. 病毒的核衣壳结构为：外壳是____________，壳体内是____________，二者共同构成____________；此外，部分病毒含有包膜结构，主要是由____________或____________组成。
7. 一种病毒只含有一种核酸，即 DNA 或 RNA；植物病毒多为____________病毒，噬菌体多为____________病毒。
8. 噬菌体的繁殖一般分为五个阶段，即____________、____________、____________、____________和____________。
9. 温和噬菌体能以____________整合在寄主细胞的染色体上，形成____________细胞，该细胞具有____________，自发裂解，诱发裂解，具免疫性，溶原菌的复愈还能获得一些新的特性等几个特征。
10. 前噬菌体是噬菌体感染宿主后整合到宿主细胞染色体上的噬菌体 DNA，将这种细菌菌株称为____________，这类噬菌体称为____________。
11. 病毒是____________、____________和____________的统称。
12. 病毒的特点是____________、____________、____________、____________。

13. 整合于细菌染色体或以质粒形式存在的温和噬菌体基因组称作________，溶原菌在外界条件的影响下会出现大量溃溶，释放出噬菌体的现象称为________；即便没有外界条件的影响极少数也会出现裂解产生大量噬菌体称为________。
14. 震惊全球的“疯牛病”就是由亚病毒的________引起的。
15. 目前流行的 SARS 是由________引起的。
16. 1892 年俄国学者________首次发现烟草花叶病毒。
17. 腺病毒的衣壳是典型的________对称结构。
18. 病毒壳粒的对称方式有________对称、________对称和________对称结构。
19. 病毒的特点是________，只含 DNA 或 RNA 一类核酸，只能在特定的寄主细胞内以________的方式增殖，且没有________，不含与________，在活体外没有生命特征 。
20. 病毒粒子的对称方式只有两种，即________和________，另一些结构较复杂的病毒实质上是上述两种对称相结合的结果，故称作________。
21. 病毒的基本组成成分是________和________。
22. 病毒粒子是无法用光学显微镜观察的亚显微颗粒，但当它们大量聚集使宿主细胞发生病变时，就形成了具有一定形态、结构的细胞病变过程，被称为________。
23. T 噬菌体由头部、颈部和尾部三部分组成。其中尾部由________、________、________、________和________组成。
24. 2012 年国际病毒分类委员会将病毒分为六个目，分别为________、________、________、________、________和________。
25. 噬菌体包括________、________和________。
26. 凡是能够引起溶原性的噬菌体为温和噬菌体，其宿主被称为________。
27. 温和噬菌体的存在形式有三种，即________、________和________。
28. 在血液中，HIV 先被________所吞噬，继而通过改变胞内溶酶体的________环境，而为病毒的生存和复制提供有利的环境。
29. 针对高致病性病毒如埃博拉病毒、汉坦病毒和中东呼吸热综合征病毒等的研究，必须在________级别的实验室开展。
30. 多数昆虫病毒可在宿主细胞内形成多角形的包涵体，又称为________。
31. 亚病毒因子是一类在构造、成分和功能上不符合典型病毒粒子的分子病原体，分为两类：一种是只含有________一种成分；另一种是同时含有________两种成分，因其功能不全而称为________。
32. 类病毒的基因组________，________；病毒粒子________，________；以及复制依赖________的特点。
33. 拟病毒极其微小，一般由裸露的________组成，大小约为________个核苷酸。

34. 朊病毒是一类小型蛋白颗粒，约由____________个氨基酸组成，大小约为最小病毒的____________。
35. 当利用缺失病毒后期基因的病毒突变株作为外源基因的载体时，突变株必须与其____________同时感染才能够在宿主细胞内正常繁殖。
36. 杆状病毒具有广泛的宿主范围，包括____________和____________。

三、单项选择题

1. 病毒、细菌和真菌这三类微生物个体之间的直径比可以粗略地认为是________。
   A. 1:100:10　B. 1:10:100　C. 10:100:1　D. 100:1:10
2. 下述病毒的壳体属于螺旋对称的是________。
   A. 烟草花叶病毒　B. 腺病毒　C. T偶数噬菌体　D. 噬菌体
3. T4噬菌体用于吸附宿主细胞的结构是________。
   A. 刺突　B. 基板　C. 尾鞘　D. 尾丝
4. 下列属于T4噬菌体增殖过程早期蛋白的是____________。
   A. 细菌RNA聚合酶　B. 更改蛋白　C. 溶菌酶　D. 装配蛋白
5. 下列关于类病毒的叙述不正确的是____________。
   A. 只含RNA一种成分　B. 目前只在植物体中发现
   C. 不能独立侵染宿主　D. 其核酸不足以编码一个蛋白质分子
6. 病毒的主要遗传物质包括________。
   A. DNA和RNA　B. DNA
   C. Protein　D. DNA或RNA
7. 病毒的核酸被称为________的蛋白质外壳包围。
   A. 衣壳　B. 被膜　C. 包膜　D. 芽孢
8. 实验室不能用________方法培养病毒。
   A. 灵长类　B. 鸡胚
   C. 营养琼脂培养基　D. 组织培养
9. 在噬菌体溶原性循环过程中会发生________。
   A. 合成新的噬菌体DNA　B. 噬菌体DNA插入宿主染色体
   C. 宿主细胞裂解　D. 浸染时间缩短
10. 病毒感染过程中的第三个步骤是________。
    A. 侵入　B. 吸附　C. 增殖　D. 释放
11. 下列关于病毒复制过程的描述哪一个是错误的________。
    A. 具包膜病毒的侵入是通过融合　B. 在溶酶体的作用下病毒脱壳
    C. 动物病毒与宿主细胞相吸附是随机的　D. 具包膜病毒通过出芽释放
12. 下列不是朊病毒病传染途径的是________。
    A. 消化　B. 移植　C. 遗传　D. 直接接触
13. 最先发现病毒的是________。
    A. 巴斯德　B. 柯赫　C. 伊万诺夫斯基　D. 列文虎克

14. 病毒缺乏________。

A. 增殖能力 B. 独立代谢酶体系 C. 核酸 D. 蛋白质

15. 下面关于病毒的特征，叙述不正确的是________。

A. 无细胞结构 B. 能进行独立的代谢作用

C. 在专性活细胞内寄生 D. 能通过细菌过滤器

16. 全球关注的“疯牛病”是下列________病原体引起的。

A. 细菌 B. 放线菌 C. 真菌 D. 病毒

17. 下面关于病毒的特征，叙述不正确的是________。

A. 有细胞结构 B. 在专性活细胞内寄生

C. 能通过细菌过滤器 D. 不能进行独立的代谢作用

18. 绝大多数的病毒都是能够通过细菌滤器的微小颗粒，它们的直径多数在________。

A. 100μm B. 100nm C. 100cm D. 100dm

19. 噬菌体在菌苔上形成的“负菌斑”又称为________。

A. 枯斑 B. 空斑 C. 噬菌斑 D. 多角体

20. 烟草花叶病毒核酸由合适的蛋白衣壳包裹和保护，室温下最长可存活________。

A. 50 年 B. 45min C. 8 年 D. 7d

21. 在实验室中，腺病毒只能培养在人的组织细胞中，尤其适宜生长于________。

A. 肌细胞 B. 口腔上皮细胞 C. 神经细胞 D. 胎肾组织细胞

22. 噬菌体核酸进入宿主细胞后至第一个成熟噬菌体粒子释放前的一点时间，又被称为________。

A. 成熟期 B. 潜伏期 C. 裂解期 D. 平稳期

23. 植物病毒在侵入宿主细胞后才脱去衣壳的步骤被称为________。

A. 脱壳 B. 内化 C. 衣壳化 D. 融合

24. 昆虫病毒的直径一般为________。

A. 10mm B. 3μm C. 0.1μm D. 5dm

25. 颗粒体病毒是一种具有蛋白质包涵体，且每个包涵体仅含一个病毒颗粒的昆虫________。

A. 杆状病毒 B. 古菌病毒 C. 疱疹病毒 D. 轮状病毒

26. 类病毒是一种专性寄生的胞内分子病原体，是目前为止已知的最小可传染性致病因子，只在________体中发现。

A. 植物 B. 动物 C. 微生物 D. 真菌

27. 朊病毒是一种不含核酸的传染病蛋白质分子，常常与中枢神经系统疾病密切相关，如________。

A. 脑膜炎 B. 癫痫 C. 脑瘫 D. 帕金森病

28. 在基因工程中，病毒被用于把外源目的基因导入到宿主细胞中并使之表达的中介体，又被称为________。

A. 载体 B. 克隆体 C. 亚克隆 D. 复制体

29. Kassanis 和 Nixon 在 1960 年首次发现________与其卫星病毒之间的伴生现象。
   A. 烟草坏死病毒　B. 黄瓜花叶病毒　C. 大蒜 E 病毒　D. 马铃薯 A 病毒
30. 与拟病毒“共生”的真病毒又被称为________。
   A. 前病毒　B. 辅助病毒　C. 类病毒　D. 颗粒病毒
31. 质型多角体病毒核酸为线状 dsRNA，由 10～12 个片段组成，占病毒总量的________。
   A. 0.5%～3.6%　B. 21%～39%　C. 45%～72%　D. 14%～22%
32. 艾滋病又被称为获得性免疫缺陷综合征，它们主要攻击的细胞是________。
   A. $CD4^+$T 细胞　B. $CD8^+$T 细胞　C. B 细胞　D. 白细胞
33. 下列病毒中具有人畜共患特性的是________。
   A. 禽白血病　B. 戊型肝炎病毒
   C. 猪繁殖与呼吸综合征病毒　D. 牛流行性腹泻病毒
34. 烈性噬菌体所经历的繁殖过程，被称为________。
   A. 复制周期　B. 成熟期　C. 裂解性周期　D. 隐晦期
35. 效价表示每毫升试样中所含具浸染性的噬菌体病毒粒子数，又称为________。
   A. 感染中心数　B. 噬菌斑个数
   C. 成熟病毒粒子个数　D. 相对感染数
36. 噬菌体潜伏期间，细胞形成早期蛋白，复制噬菌体核酸和合成其蛋白质衣壳的阶段是________。
   A. 隐晦期　B. 胞内积累期　C. 成熟期　D. 平稳期
37. 人乳头瘤病毒(HPV)是一种经密切接触或垂直传播的球形 DNA 病毒，与多种癌症的发生密切相关，如____________。
   A. 宫颈癌　B. 肺癌　C. 脑瘤　D. 食道癌

四、判断题(答 A 表示说法正确，答 B 表示说法不正确，不正确的题目须指出错误并修改)

1. 噬菌体裂解循环结束，宿主细胞裂解死亡。　(　　)
2. 病毒的刺突用作侵入宿主细胞。　(　　)
3. 溶原性期间，噬菌体处于潜伏状态。　(　　)
4. 同一病毒其壳体的壳粒成分是相同的。　(　　)
5. 有些 ssRNA 病毒无包膜。　(　　)
6. 一个病毒粒子就是一个裸露的 RNA 侵染片段。　(　　)
7. 类病毒是导致“疯牛病”的感染因子。　(　　)
8. HIV 具有包膜，核酸是线状 ssRNA。　(　　)
9. T4 噬菌体的核酸是线状 ssRNA。　(　　)
10. TMV 的核酸是线状 dsDNA。　(　　)
11. 有的具有包膜的病毒其包膜外有刺突，刺突与其侵染特异性有关。　(　　)
12. “疯牛病”和“口蹄疫”都是由细菌引起的。　(　　)

13. 类病毒是有侵染性的蛋白颗粒。 ( )
14. SARS 的致病因子确定为冠状病毒。 ( )
15. 可粗略地将病毒、细菌和真菌三类微生物的个体直径比约等为 1∶10∶100。 ( )
16. 病毒的核酸是单一性的。 ( )
17. 病毒是一类具有生命特征的分子病原体。 ( )
18. 病毒体的群体形态可以分为噬菌斑、空斑和枯斑等。 ( )
19. 迄今为止发现的最大病毒——“智利巨病毒”的大小为 680μm。 ( )
20. 病毒可以被称为病毒体或者单细胞。 ( )
21. 腺病毒的衣壳由五邻体和六邻体的衣壳粒组成。 ( )
22. T4 噬菌体通过尾丝吸附大肠杆菌细胞表面，并借助中央孔道释放溶解酶，以水解部分细胞壁。 ( )
23. 动植物病毒均以线性的 dsDNA 和 ssRNA 为主。 ( )
24. 噬菌体在分类学上属于真核生物。 ( )
25. 所有种类的噬菌体只有裂解细菌后才能被释放出来。 ( )
26. 烈性噬菌体的一步生长曲线只能确定两个主要特征参数。 ( )
27. 检验溶原菌的方法是将少量溶原菌与大量敏感性指示菌混合，然后与琼脂培养基混匀倒平板，经培养后溶原菌一一生长为菌落。 ( )
28. 植物病毒含有包膜，并具有优良的宿主专一性。 ( )
29. 植物病毒吸附宿主细胞外表面后，脱去衣壳蛋白，并将核酸释放入胞内。 ( )
30. 脊椎动物病毒的种类很多，根据核酸类型可分为 dsDNA、ssDNA、dsRNA 和 ssRNA。 ( )
31. HIV 起源于 SIV。 ( )
32. 昆虫病毒主要分为核型多角体病毒、质型多角体病毒和颗粒体病毒。 ( )
33. 组成亚病毒因子的成分是核酸和蛋白质。 ( )
34. 类病毒在环境中容易失活，不耐热，不抗脂溶剂。 ( )
35. 拟病毒不能单独依靠自己进行繁殖，必须依赖辅助病毒的帮助。 ( )
36. 卫星病毒必须依赖辅助噬菌体提供全套衣壳蛋白等的晚期基因，才能完成自己的生活周期。 ( )
37. 朊病毒是一类不含遗传物质，但能快速传染的烈性类病毒。 ( )
38. “疯牛病”“库鲁病”和“羊瘙痒病”分别是朊病毒、类病毒和疱疹病毒引发的传染性疾病。 ( )
39. 植物病毒不能通过昆虫传播。 ( )
40. 动物病毒作为优良的载体，携带外源基因后能够整合到宿主基因组上，并在辅助病毒的参与下借助感染细胞大量生产目的产物。 ( )

五、简答题

1. 什么是真病毒？什么叫亚病毒？
2. 病毒粒子有哪几种对称形式？每种对称形式又有几种特殊外形？

3. 什么叫烈性噬菌体？简述其裂解性生活史。
4. 什么是一步生长曲线？它分为几个时期？各期有何特点？
5. 简述溶原性、溶原菌、温和噬菌体的含义。
6. 什么是朊病毒？目前已在哪些生物中发现？其与真病毒的主要区别是什么？
7. 简述病毒的定义及种类。
8. 请总结病毒的特性。
9. 请简述病毒的群体形态。
10. 简述杆状病毒作为载体的优点。
11. 简述大肠杆菌 T4 噬菌体的结构和繁殖过程。
12. 什么是类病毒、拟病毒和朊病毒？
13. 简述噬菌体的 6 种主要形态。
14. 病毒系统分类中最可靠的是分子基础，请简述相关的指标特征。

六、综述题

1. 什么是效价？简述噬菌体效价的双层平板法。
2. 请介绍朊病毒的特点及其危害。
3. 论述病毒复制的具体过程。
4. 简述典型病毒的基本构造及其功能。
5. 简述病毒的对称模式并做对应举例。
6. 论述若干有代表性病毒的核酸类型及其代表病毒。
7. 简述病毒的持续性感染及其特征。
8. 噬菌体感染对发酵生产会产生怎样的影响？
9. 简述测定噬菌体效价所需双层平板法的具体步骤。
10. 简述病毒与人类实践的关系，列举其相关应用。
11. 根据你对猴痘病毒的了解和当前的流行情况，尝试猜测其是否会发生大流行？

第四章 微生物的营养和培养基

主要内容

本章的主要教学内容包括微生物的6类营养要素、微生物的营养类型、营养物质进入细胞的方式、选用和设计培养基的原则、选用和设计培养基的方法、微生物培养基的种类。

6类营养要素：碳源、氮源、能源、生长因子、无机盐和水。

微生物的营养类型：光能无机营养型(光能自养型)、光能有机营养型(光能异养型)、化能无机营养型(化能自养型)、化能有机营养型(化能异养型)。

营养物质进入细胞的方式有4种：单纯扩散、促进扩散、主动转运、基团转位。

选用和设计培养基的原则：目的明确、营养协调、理化适宜、经济节约。

选用和设计培养基的方法：生态模拟、借鉴文献、精心设计、试验比较。

微生物培养基种类的划分方式较多，根据培养基的成分可分为天然培养基、组合培养基、半组合培养基；根据培养基的物理状态可分为液体培养基、固体培养基、半固体培养基、脱水培养基；根据培养基的功能可分为选择培养基、鉴别培养基等。

重点、难点

微生物的6类营养要素，微生物的营养类型，培养基的设计原则、类型及应用。

习题

一、名词解释

1. 微生物的营养要素
2. 碳源
3. 碳源谱
4. 异养微生物
5. 自养微生物
6. 氮源
7. 氮源谱
8. 能源
9. 生长因子
10. 化能异养
11. 基团转位
12. 培养基
13. C/N
14. 水活度
15. 天然培养基
16. 组合培养基
17. 半组合培养基
18. 固体培养基

19. 非可逆性凝固培养基　　20. 半固体培养基　　21. 脱水培养基
22. 选择性培养基　　23. 富集培养　　24. 鉴别培养基
25. 玉米浆

二、填空题

1. 微生物生长所需的营养物质可分为六大类：______、______、______、______、______、______。
2. 狭义的生长因子一般仅指______。
3. 根据微生物利用碳源、能源能力的不同，微生物的营养类型可分为______、______、______、______等 4 种方式。
4. 根据能量来源不同，自养微生物可分为______和______。
5. 微生物运送营养物质的方式包括以下 4 种：______、______、______、______。
6. 磷酸烯醇式丙酮酸－己糖磷酸转移酶系统每输入 1 个葡萄糖分子进入细胞内，就要消耗______分子 ATP。
7. 对于光能自养菌而言，其能源为______，碳源为______。
8. 实验室常用的有机氮源有______、______、______等，无机氮源有______和______等。为节约成本，工厂中常用______、______等作为有机氮源。
9. 乳酸细菌需要多种______作为生长因子才能生长繁殖，一般在培养基中加入______即可提供。
10. 产醇类的工业发酵培养基，其中的______源物质含量比______源含量高的多。
11. 化能异养微生物的能源来自对______的分解，例如，大肠杆菌通过氧化______以获取生命活动所需的能量。
12. 利用无机碳源的化能自养微生物，其碳源为______和______或______。
13. 对于化能异养微生物而言，凡能提供微生物营养所需要的______元素的营养物称为碳源，并兼有______源的功能。
14. 微生物细胞的主要组成元素是______、______、______、______、______、______。
15. 大量元素有______、______、______、______、______、______、______。
16. 选用和设计培养基时，应遵循 4 个原则：______、______、______、______。
17. 选用和设计培养基时，应遵循 4 个方法：______、______、______、______。

18. 每种微生物都有自己最适宜的 pH 和一定的 pH 适宜范围。大多数细菌的最适 pH 为__________，放线菌的最适 pH 为__________。

19. 好氧微生物需要较__________(高、低)的氧化还原电位，厌氧微生物需要较__________(高、低)的氧化还原电位。

20. 可加入培养基中以降低氧化还原电势的还原剂：__________、__________、__________、__________、__________、__________、庖肉(瘦牛肉粒)。

21. 按培养基的成分分类，可将培养基分为__________、__________、__________。

22. 按培养基外观的物理状态，可将培养基分为__________、__________、__________、__________。

23. 配制固体培养基常用的凝固剂有__________、__________。

24. 我们常采用__________浓度的 NaCl 或 0.1mol/L __________来稀释菌液或清洗菌体细胞，因为该环境与细胞等渗，可尽可能减少对细胞的损伤。

三、单项选择题

1. 异养微生物在元素水平上的最适碳源是________。

   A. C·H·O·N·X 型　　B. C·H·O·N 型

   C. C·H·O 型　　D. C·H 型

2. 一般而言，下列碳源中，微生物最先利用的是________。

   A. 糖类　　B. 有机酸　　C. 酯类　　D. 脂质

3. 一般而言，下列糖类中，微生物最先利用的是________。

   A. 葡萄糖　　B. 甘露糖　　C. 淀粉　　D. 纤维素

4. 下列哪类营养物不能用作发酵工业中常用的碳源________。

   A. 葡萄糖　　B. 糖蜜　　C. 花生饼粉　　D. 玉米粉

5. 异养微生物在元素水平上的最适氮源是________。

   A. N·C·H·O 型　　B. N·O 型　　C. N·H 型　　D. N 型

6. 下列营养物中，可作为三功能营养物的是________。

   A. 光能　　B. 牛肉膏　　C. 葡萄糖　　D. N_2

7. 下列________元素不是大量元素。

   A. K　　B. Ca　　C. Fe　　D. Zn

8. 下列运输营养物质的方式中，不需要载体蛋白参与的是________。

   A. 单纯扩散　　B. 促进扩散　　C. 主动转运　　D. 基团转位

9. 下列关于单纯扩散的特点描述有误的是________。

   A. 扩散速度取决于浓度差　　B. 取决于膜性质

   C. 扩散过程不耗能　　D. 传递速度快

10. 微生物运输营养物质的主要方式是________。

    A. 单纯扩散　　B. 促进扩散　　C. 主动转运　　D. 基团转位

11. 参与微生物基团转位运输方式的体系是________。

    A. Hpr　　B. 酶 1　　C. 酶 2　　D. Hpr + 酶 1 + 酶 2

12. 下列营养物质运输方式中，可导致被运送物质发生结构变化的是________。
A. 单纯扩散　B. 促进扩散　C. 主动转运　D. 基团转位
13. 一般而言，下列营养物质中需求量最低的是________。
A. 碳源　B. 氮源　C. 微量元素　D. 生长因子
14. 下列氮源中，含氮量最高的是________。
A. 尿素　B. NH_3　C. 硝酸铵　D. 氨基酸
15. 培养下列微生物时，所需碳氮比最低的是________。
A. 大肠杆菌　B. 农杆菌　C. 酵母菌　D. 绿色木霉菌
16. 适宜霉菌生长的 pH 范围为________。
A. <4.0　B. 4.0~6.0　C. 4.0~5.8　D. 8.0
17. 下列微生物中，其适宜生长的 pH 范围最高的是________。
A. 大肠杆菌　B. 放线菌　C. 酵母菌　D. 霉菌
18. 为避免由于微生物生长繁殖过程中的产物而造成培养基 pH 的变化，可采用的调节方法是________。
A. 在配制培养基时加入磷酸盐缓冲液或不溶性 $CaCO_3$
B. 在配制培养基时应高于或低于最适 pH
C. 在配制培养基时降低或提高碳、氮源用量，改变碳氮比
D. 在培养过程中控制温度和通气量
19. 下列培养基配制的经济节约说法错误的是________。
A. 以粗代精　B. 以朊代氮　C. 以纤代糖　D. 以国代进
20. 常用于培养细菌的培养基是________。
A. PDA　B. 麦芽汁培养基　C. 牛肉膏蛋白胨　D. 察氏培养基
21. 制备培养基最常用的凝固剂为________。
A. 硅胶　B. 明胶　C. 琼脂　D. 纤维素
22. 在固体培养基中，琼脂的使用浓度一般为________。
A. 0~0.5%　B. 0.5%~1%　C. 1.5%左右　D. 至少 2%
23. 在半固体培养基中，琼脂的使用浓度为________。
A. 0　B. 0.3%~0.5%　C. 1.5%~2.0%　D. 5%
24. 利用选择培养基的原理，用富集培养法富集醋酸菌时须添加的营养物质是________。
A. 葡萄糖　B. 淀粉　C. 乙醇　D. 乙酸
25. 以高糖培养酵母菌，其培养基类型为________。
A. 加富培养基　B. 选择培养基　C. 鉴别培养基　D. 普通培养基

四、判断题（答 A 表示说法正确，答 B 表示说法不正确，不正确的题目须指出错误并修改）

1. CO_2 可被某些微生物作为碳源利用，其只能充当碳源的角色。（　）
2. 糖蜜只能用作碳源和能源。（　）

3. 某些碳源或氮源属于单功能营养物。（　）
4. 所有微生物均可在人工培养基上生长。（　）
5. 被动运输是微生物吸收营养物质的主要方式。（　）
6. 光辐射能是单功能营养物。（　）
7. Fe 是微量元素。（　）
8. 异养型细菌总是利用糖作为碳源和能源。（　）
9. 对许多异养微生物来说，葡萄糖既是其生长所必需的碳源，又可作为能源。因此具有双重营养功能。（　）
10. 牛肉膏属于 C·H·O·N 类营养物，它可作为异养微生物的碳源、氮源和能源，具有三重营养功能。（　）
11. 多数真菌、放线菌和许多细菌是生长因子异养微生物。（　）
12. 凡是能够为微生物的生命活动提供结构物质、能量、代谢调节物质和良好生理环境的物质，均称为微生物的营养物。（　）
13. 营养物跨膜的主动转运和基团转位必须依靠载体和能量，其他运送方式不需要载体和能量。（　）
14. 一般而言，细菌培养基碳氮比低于真菌培养基碳氮比。（　）
15. 厌氧菌只能在较高的氧化还原电位（≥0.1V）环境下生长，常在 0.3 ~ 0.4V 环境下生长。（　）
16. 各种微生物对培养基的氧化还原电势的要求为：好氧菌 > 兼性厌氧菌 > 厌氧菌。（　）
17. 刃天青在无氧条件下呈无色；在有氧条件下，一般在中性时呈紫色，碱性时呈蓝色，酸性时呈红色；在微氧溶液中呈粉红色。（　）
18. 基础培养基可用来培养所有的微生物。（　）
19. 培养自养微生物的培养基完全可以由简单的无机物组成。（　）
20. 对含有葡萄糖的培养基进行高压灭菌时在 121℃ 加热 20min 即可。（　）
21. 设计能分解纤维素菌的培养基，可以采用组合培养基。（　）
22. 伊红、亚甲蓝培养基，即 EMB（Eosin Methylene Blue）培养基常用于检测水体中的大肠菌群。（　）
23. 碱性染料有显著的抑菌作用。（　）

五、简答题

1. 什么是碳源？请列举出 5 种以上微生物可利用的碳源，并说明微生物利用碳源的一般规律。
2. 写出一般异养微生物对下列糖类利用的先后次序：甘露糖、半乳糖、葡萄糖、果糖。
3. 写出一般异养微生物对下列多糖化合物利用的先后次序：琼脂、几丁质、纤维素、淀粉、木质素、葡萄糖。
4. 什么是氮源？请列举出 5 种以上微生物可利用的氮源，并说明微生物利用氮源的一般规律。

5. 指出异养微生物对下列氮源物质利用的先后次序：简单蛋白质、铵盐、N_2、蛋白胨、硝酸盐。
6. 试写出制备微生物培养基时，常用的提供生长因子的物质。
7. 何为水活度？它对微生物的生命活动有何影响？与人类的生产和生活实践有何关系？
8. 简述微生物细胞单纯扩散运输方式的机制。
9. 何为基团转位？请简述通过基团转位运送营养物质的机制。
10. 配制微生物培养基所需的营养要素中，存在10倍序列递减的趋势，请具体说明。
11. 何为碳氮比？真菌和细菌分别对碳氮比有何不同要求？
12. 简述配制培养基的原则和步骤。
13. 按培养基外观的物理状态，可将培养基分为哪几种类型？请各举一例。
14. 根据培养基成分不同可将培养基分为哪几种类型？试各举1~2例说明。
15. 按培养基功能不同可将培养基分为几种类型？试举例说明。
16. 配制固体培养基时最常用的凝固剂是什么？什么是半固体培养基？它在微生物学研究中有什么应用？

六、综述题

1. 有一培养基配方如下：甘露醇10g，$KH_2PO_4$0.2g，$MgSO_4 \cdot 7H_2O$ 0.2g，$CaCO_3$5.0g，NaCl 0.2g，$CaSO_4 \cdot 2H_2O$ 0.1g，琼脂20g，水1000mL。请说明上述培养基中的C源、N源、能源物质各是什么？NaCl和$CaCO_3$起什么作用？
2. 配制培养基时，为什么要调节pH，有时甚至需要边培养边调节？培养基pH调节方式有哪些？
3. 生长因子过量合成微生物在发酵工业上有何用途？试举例说明。
4. 生长因子异养微生物有何用途？
5. 在微生物实验中，理想的凝固剂应该具备哪些条件？
6. 根据微生物对能源、氢供体和基本碳源需求的不同，可将微生物的营养类型分为4种，请说明这4种营养类型及其基本特点，并列出至少1种代表性微生物。
7. 为什么说土壤是人类最丰富的菌种资源库？如何从中筛选所需要的菌种？

第五章

微生物的新陈代谢

主要内容

微生物从外界环境中摄取营养物质，在体内经过一系列的化学反应，转变为自身细胞物质，以维持其正常生长和繁殖，这一过程即新陈代谢，包括合成代谢和分解代谢。所有生物进行生命活动都需要能量，因此，能量代谢成了新陈代谢中的核心问题。

化能异养微生物以有机化合物为碳源，以有机物氧化产生的化学能为能源，已知的绝大多数微生物都属于此类。化能自养微生物以二氧化碳为碳源，利用无机化合物如铵、亚硝酸盐、硫化氢、铁离子等氧化过程中释放出的能量进行生长。光能自养微生物利用光作为能源，以二氧化碳作为基本碳源，以某些还原态的无机化合物作为供氢体还原二氧化碳。光能异养微生物以光为能源，以有机碳化合物作为碳源和氢供体进行光合作用而生长繁殖。

分解代谢和合成代谢两者联系紧密，互不可分，但二者存在对中间代谢产物的竞争问题，微生物和其他生物在它们的长期进化过程中，通过两用代谢途径和代谢回补顺序的方式，早已既巧妙又圆满地解决了这个矛盾。微生物具有一些独特的合成代谢途径，包括自养微生物的 CO_2 固定、生物固氮、肽聚糖的合成。通过调节细胞膜对营养物的透性，通过酶的定位以限制它与相应底物的接触以及调节代谢流等，可以使微生物积累更多为人类所需要的代谢产物。

重点、难点

微生物主要的产能和产还原力的方式及其过程，微生物特有的生物固氮和肽聚糖合成的途径，微生物的主要代谢调节方式。

习题

一、名词解释

1. 发酵　　2. 呼吸作用　　3. 无氧呼吸

4. 有氧呼吸　　5. 次级代谢　　6. 次级代谢产物

7. 氧化磷酸化
8. 底物水平磷酸化
9. 光合磷酸化
10. 循环式光合磷酸化
11. 非循环式光合磷酸化
12. Stickland 反应
13. P/O
14. 生物固氮
15. 反硝化作用
16. 同型乳酸发酵
17. 异型乳酸发酵
18. 巴斯德效应
19. 代谢物回补顺序
20. 两用代谢途径
21. 代谢调节
22. IMViC 试验
23. 抗反馈调节突变株

二、填空题

1. 分解代谢又称异化作用，是指复杂的有机物分子通过分解代谢酶系的催化生成__________、__________和__________的作用。
2. 合成代谢可分为__________、__________、__________等三个阶段。
3. 微生物的次生代谢产物包括__________、__________、__________、__________等。
4. 在以有机物为基质的生物氧化反应中，以氧为电子传递最终受体的方式称__________；以无机氧化物为最终电子受体的方式称__________；以有机物为最终电子受体的方式称__________。
5. 微生物的最初能源包括__________、__________、__________。
6. 亚硝化细菌将__________氧化为__________并获得能量，硝化细菌将__________氧化为__________并获得能量。
7. 在有氧呼吸过程中，葡萄糖经__________途径产生丙酮酸，丙酮酸进入__________被彻底氧化成__________和__________。
8. 在乙醇发酵过程中，酵母菌利用__________途径将葡萄糖分解成__________，然后在__________酶作用下，生成__________，再在__________酶的作用下，被还原成乙醇。每 1 分子葡萄糖通过酵母菌进行乙醇发酵产生__________个 ATP。
9. 微生物在厌氧条件下进行的发酵有__________、__________、__________、__________、__________、__________等。
10. 乳酸发酵一般要在__________条件下进行，它可分为__________和__________乳酸发酵。
11. 呼吸作用与发酵作用的根本区别在于__________。
12. 在微生物中固定 CO_2 的 4 条途径：__________、__________、__________、__________。
13. __________是光能自养生物和化能自养生物固定 CO_2 的主要途径。
14. 微生物的代谢调节，其中以__________的方式最为重要，它包括两个方面，一是“粗调”，即调节__________，二是“细调”，即调节__________，两者往往密切配合和协调，以达到最佳调节效果。
15. 兼性需氧微生物具有两套呼吸酶系，在有氧时__________，在无氧时__________。
16. 生物界中只有__________才具有固氮能力。

17. 凡在分解代谢和合成代谢中均具有功能的代谢途径，称为两用代谢途径（amphibolic pathway），__________、__________和__________循环等都是重要的两用代谢途径。
18. 乳酸菌进行同型乳酸发酵时通过__________途径，产物为__________，肠膜明串珠菌进行异型乳酸发酵时通过__________途径，产物为__________、__________和__________。
19. 各种自养微生物在其生物氧化包括氧化磷酸化、发酵和光合磷酸化中获取的能量主要用于__________的固定。
20. 联合固氮菌指必须生活在__________、__________或__________等处才能进行固氮的微生物。
21. 甲基红试验是用来检测细菌代谢葡萄糖产生有机酸，如__________、__________、__________等，使培养基 pH 下降至__________以下，加入甲基红指示剂呈红色，即为阳性结果。
22. 吲哚试验是用来检测吲哚的产生，有些细菌产生__________，分解蛋白胨中的色氨酸，产生吲哚和丙酮酸。吲哚与__________结合，形成红色的玫瑰吲哚。大肠杆菌吲哚反应为__________，产气肠杆菌为__________。
23. 有些细菌能分解含硫的有机物如__________、__________、__________等产生硫化氢，硫化氢与培养基中的铅盐或铁盐等形成黑色的__________，为硫化氢试验阳性，可用于鉴别细菌。
24. 在直线式的生物合成途径中，营养缺陷型突变株只能累积__________，而不能累积最终代谢物，但在分支代谢途径中，通过解除某种__________，就可使某一分支途径的末端代谢物得到累积。

三、单项选择题

1. 自然界中的大多数微生物是靠________产能。

   A. 发酵　　B. 有氧呼吸　　C. 无氧呼吸　　D. 光合磷酸化

2. 在原核微生物细胞中，单糖主要靠________途径降解生成丙酮酸。

   A. EMP　　B. HMP　　C. ED　　D. TCA

3. ________途径的特点是葡萄糖只经过 4 步反应即可快速获得由 EMP 途径须经 10 步才能获得的丙酮酸。

   A. EMP　　B. HMP　　C. ED　　D. TCA

4. ________途径为微生物利用 C3 ~ C7 多种碳源提供了必要的代谢途径。

   A. EMP　　B. HMP　　C. ED　　D. TCA

5. 在下列微生物中能进行产氧光合作用的是________。

   A. 链霉菌　　B. 蓝细菌　　C. 大肠杆菌　　D. 紫硫细菌

6. 反硝化细菌进行无氧呼吸产能时，电子最后交给________。

   A. 无机化合物中的氧　　B. O_2

   C. 中间产物　　D. CO_2

7. 在自然界氮素循环过程中，进行硝化作用和反硝化作用的微生物分别是________。
   A. 异养微生物和自养微生物　　B. 都是自养微生物
   C. 自养微生物和异养微生物　　D. 都是异养微生物
8. 当一个还原型烟酰胺腺嘌呤二核苷酸（NADH）分子经电子传递链传递后，可产生________。
   A. 1 个 ATP 分子　B. 2 个 ATP 分子　C. 3 个 ATP 分子　D. 都不对
9. 微生物从糖酵解途径中可获得________个 ATP 分子。
   A. 2　B. 4　C. 36　D. 38
10. 对于酵母菌而言，每摩尔葡萄糖通过 EMP 和 TCA 循环彻底氧化共产生________摩尔 ATP。
   A. 34　B. 36　C. 38　D. 都不对
11. 下列光合作用微生物中进行的是非循环式光合磷酸化作用的是________。
   A. 红螺菌　B. 绿硫细菌　C. 蓝细菌　D. 嗜盐细菌
12. 硝酸细菌依靠________方式产能。
   A. 发酵作用　B. 有氧呼吸　C. 无氧呼吸　D. 光合磷酸化
13. 下列微生物属于自生固氮菌的是________。
   A. 地衣　　B. 根瘤菌
   C. 动物肠道中的杆菌　　D. 鱼腥藻
14. 异型乳酸发酵是由________代谢途径生成的。
   A. EMP　B. HMP　C. ED　D. TCA
15. 细菌乙醇发酵是由________代谢途径生成的。
   A. EMP　B. HMP　C. ED　D. TCA
16. 少数厌氧梭菌能同时利用________作为碳源、能源和氮源，进行氧化还原脱氨作用。
   A. 果胶质　B. 脂肪酸　C. 葡萄糖　D. 氨基酸
17. 巴斯德效应是指________。
   A. 乳酸对微生物的抑制　　B. 酒精对葡萄糖分解的抑制
   C. 氧气对呼吸作用的抑制　　D. 氧气对发酵作用的抑制
18. 根瘤菌处于植物所形成的根瘤内，所以它属于________型微生物。
   A. 好氧　B. 厌氧　C. 兼性厌氧　D. 耐氧
19. ________是迄今所知道的最简单的光合磷酸化反应。
   A. 红螺菌的循环光合磷酸化　　B. 绿色植物的磷酸化反应
   C. 蓝细菌的磷酸化反应　　D. 嗜盐菌紫膜光合磷酸化
20. 好气性固氮蓝细菌的防氧保护机制为________。
   A. 异形胞　B. 豆血红蛋白　C. 呼吸保护作用　D. 构象保护作用
21. 微生物的代谢调节最重要的方式是________。
   A. 控制营养物质透过细胞膜进入细胞　　B. 通过酶的定位控制酶与底物的接触
   C. 控制代谢物流向　　D. 以上都不重要

四、判断题(答 A 表示说法正确，答 B 表示说法不正确，不正确的题目须指出错误并修改)

1. EMP 和 HMP 代谢途径往往同时存在于同一种微生物的糖代谢中。 ( )
2. 光合磷酸化和氧化磷酸化一样都是通过电子传递系统产生 ATP。 ( )
3. 光合细菌和蓝细菌都是产氧的光能营养型微生物。 ( )
4. UDP－G，UDP－M 是合成肽聚糖的重要前体物，它们是在细胞质内合成的。 ( )
5. ED 途径是存在于某些缺乏完整 HMP 途径的微生物中的一种替代途径，为微生物所特有。 ( )
6. 维生素、色素、生长刺激素、毒素都是微生物产生的次生代谢产物。 ( )
7. 无氧呼吸是一类在无氧条件下进行的、产能效率较低的特殊呼吸。 ( )
8. 双歧杆菌通过磷酸转酮酶(HK)途径进行异型乳酸发酵。 ( )
9. 异型乳酸发酵是通过 HMP 途径生成的。 ( )
10. 1 分子葡萄糖经同型乳酸发酵可产 1 个 ATP，经异型乳酸发酵可产 2 个 ATP。 ( )
11. 发酵是厌氧微生物或兼性厌氧微生物在无氧条件下的生物产能方式，属于底物水平磷酸化，产能效率极低。 ( )
12. 化能自养微生物因为产能机制效率低且固定 CO_2 大量耗能，因此生长速度极慢。 ( )
13. 藻类能利用还原态无机物(H_2S 等)或有机物作为还原 CO_2 的氢供体，可用于污水净化。 ( )
14. 同工酶是行使同一功能、结构不同的一组酶。 ( )
15. 产氧的循环光合磷酸化是各种绿色植物、藻类和蓝细菌所共有的利用光能产生 ATP 的磷酸化反应。 ( )
16. 化能自养菌以无机物作为呼吸底物，以 O_2 作为最终电子受体进行有氧呼吸作用产生能量。 ( )
17. 从微生物发酵生产的角度来看，通过 EMP 途径可提供许多重要的发酵产物，例如核苷酸、氨基酸、辅酶和乳酸(异型乳酸发酵)等。 ( )
18. 由于化能自养微生物产能机制效率低以及固定 CO_2 要大量耗能等，因此其产能效率、生长速率和生长得率都很低。 ( )
19. 不同的微生物种类或同种微生物在不同碳源下，有不同的代谢物回补顺序。 ( )
20. 乙醛酸循环可使丙酮酸和乙酸等化合物合成 4C 二羧酸，以保证微生物正常生物合成的需要。 ( )
21. 光合细菌细胞内所含的菌绿素和类胡萝卜素的量和比例不同，可使菌体呈现出红、橙、蓝绿、紫红、紫或褐色等不同颜色。 ( )
22. 在浸水或通气不良的土壤中，厌氧微生物的硫酸盐呼吸及其有害产物对植物根系生长十分不利，故应设法防止。 ( )
23. 谷氨酸产生菌的油酸缺陷型菌株，在限量添加油酸的培养基中，也能因细胞壁发生渗漏而提高谷氨酸的产量。 ( )

24. 共生固氮菌是指必须与他种生物共生才能进行固氮的微生物。 ( )
25. 柠檬酸盐利用试验用于检验细菌是否能生成柠檬酸盐。 ( )

五、问答题

1. 化能异养微生物进行合成代谢所需要的还原力可通过哪些代谢途径产生？
2. 举例说明微生物的几种发酵类型。
3. 比较呼吸作用与发酵作用的主要区别。
4. 试述 EMP 途经在微生物生命活动中的重要性。
5. 试述三羧酸循环在微生物产能和发酵生产中的重要性。
6. 试述生物氧化的形式、过程、功能及其类型。
7. HMP 途径在微生物代谢中的重要性及其与生产实践的关系。
8. 两用代谢途径有哪些？有何特点？
9. 青霉素为何只能抑制代谢旺盛的细菌？其杀菌机制如何？
10. 试述嗜盐菌紫膜光合作用的基本原理。
11. 以金黄色葡萄球菌为例，试述其肽聚糖合成的途径。
12. 生物固氮需要满足哪些条件？
13. 简述好氧固氮菌的抗氧机制。
14. 何谓化能自养微生物，它们是如何合成细胞物质的？
15. 简述反硝化作用及其生态学作用。
16. 简述抗反馈调节突变株筛选的意义。

六、综述题

1. 在化能异养微生物的生物氧化中，其基质脱氢和产能的途径主要有哪几条？试比较各途径的主要特点。
2. 细菌的酒精发酵途径与酵母菌有何不同？有何优缺点？
3. 试分析为何微生物自身不会过量合成其不需要的代谢产物，并说明如何运用代谢调控理论使微生物过量合成有用代谢产物？请举例说明。
4. 根据下图，试述谷氨酸棒杆菌从天冬氨酸出发积累赖氨酸的育种思路。

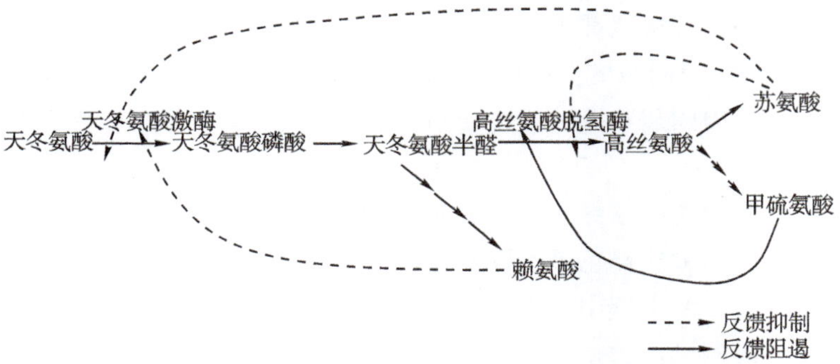

图 5－1 谷氨酸棒杆菌赖氨酸生成途径及调节

第六章 微生物的生长及其控制

主要内容

本章主要讲述了测定微生物生长繁殖的方法、微生物的生长规律、影响微生物生长的主要因素、微生物培养法概论及有害微生物的控制。

测定微生物生长繁殖的方法分为测定微生物生长量法和计繁殖数法。测定微生物生长量法有称干重法、比浊法和生理指标法；计繁殖数法有显微镜直接计数法和固体平板菌落计数法。

定量描述液体培养基中微生物群体生长规律的实验曲线称为典型生长曲线，根据微生物的生长速率常数即每小时分裂次数(R)的不同，可把典型生长曲线分为延滞期、指数期、稳定期和衰亡期共 4 个时期。连续培养是在研究典型生长曲线的基础上，通过深刻认识稳定期到来的原因，并采取相应的防治措施而实现的。

影响微生物生长的因素很多，除了营养条件之外还有许多物理因素，主要有温度、pH 和氧气。按微生物最适生长温度的高低可把它们分为 3 大类，即嗜冷菌、中温菌、嗜热菌。按微生物与氧气的关系可把它们分为专性好氧菌、兼性厌氧菌、微好氧菌、耐氧菌和厌氧菌 5 类。不同微生物有其生长的最适 pH 范围，微生物生长会改变环境的 pH 并导致对自身生长不利的状态，为此，在实验室或生产实践中就应经常调整微生物培养物的 pH。

本章还介绍了在实验室和生产实践中培养微生物的方法和装置。

微生物无处不在，其中很少一部分是有害微生物，本章讲述了有害微生物的控制——灭菌、消毒、防腐和化学治疗。

重点、难点

单细胞微生物的典型生长曲线，影响微生物生长的主要因素，抗菌药物的作用机制。

习题

一、名词解释

1. 平板菌落计数法
2. 同步生长
3. 同步培养
4. cfu(菌落形成单位)
5. 连续培养
6. 典型生长曲线
7. 恒浊器
8. 恒化器
9. 专性好氧菌
10. 兼性厌氧菌
11. 微好氧菌
12. 耐氧菌
13. 灭菌
14. 消毒
15. 防腐
16. 化疗
17. 抗生素
18. 最低抑制浓度
19. 抗代谢药物
20. 干热灭菌法
21. 巴氏消毒法
22. 间歇灭菌法
23. 石炭酸系数
24. 二次生长现象
25. 生长温度三基点

二、填空题

1. 多数细菌生长最适 pH 是________。
2. 微生物生长温度三基点是________、________和________。
3. 单细胞微生物典型生长曲线可分为________、________、________、________等四个时期。
4. 影响延滞期长短的因素有________、________、________、________。
5. 计算世代时间应在细菌生长的________期进行。
6. 巴斯德消毒法的工艺条件是________。
7. 影响微生物生长的主要因素有________、________、________。
8. 按微生物与氧的关系可把它们分为五类：________、________、________、________、________。
9. 连续培养方法主要有________和________两种。
10. 控制有害微生物的措施有________、________、________、________。
11. 高温灭菌分为________和________。
12. 巴氏消毒法最早由法国科学家________用于________消毒。
13. 加压湿热灭菌法主要有两类，即________和________。
14. 获得微生物同步生长的方法有两类：________和________。
15. 指数期有三个主要的参数，即________、________、________。
16. 影响指数期微生物代时长短的因素有：________、________、________、________。
17. 在发酵工业中，人工调节 pH 的措施有两种，即________和________。

18. 好氧菌的固体培养常用的方法是____________、____________、____________、____________。

19. 厌氧菌的固体培养方法有____________、____________、____________、____________、____________。

20. 好氧菌的液体培养方法有____________、____________、____________、____________。

21. 各种抗生素有不同的制菌范围，称为____________。

22. 按 SOD 分子中所含金属辅基的不同，可把它分为 3 类：____________、____________、____________。

23. 在生产实践中，连续培养技术较广泛应用于____________、____________、____________等方面。

三、单项选择题

1. 测微生物活菌数通常采用________。
   A. 稀释平板法　　B. 滤膜培养法　　C. 液体培养法　　D. 影印培养法

2. 实验室常规高压蒸汽灭菌的条件是________。
   A. 140℃、15s　　B. 72℃、15s　　C. 121℃、30min　　D. 100℃、5h

3. 适合培养硫细菌的含硫培养基的灭菌方法是________。
   A. 常规加压蒸汽灭菌法　　B. 连续加压蒸汽灭菌法
   C. 间歇灭菌法　　D. 干热灭菌法

4. 对抗生素最敏感的时期是________。
   A. 延滞期　　B. 指数期　　C. 稳定期　　D. 衰亡期

5. 下面哪一个不是延滞期的特点________。
   A. 生长速率常数大于 0　　B. 细胞形态变大、变长
   C. 合成代谢活跃　　D. 芽孢开始形成

6. 下面哪一个不是指数生长期的特点________。
   A. 生长速率常数最大　　B. 代时最短
   C. 酶系活跃　　D. 对理化因素反应敏感

7. 在典型生长曲线中，菌体产量最高的时期是________。
   A. 延滞期　　B. 指数期　　C. 稳定期　　D. 衰亡期

8. 在典型生长曲线中，芽孢细胞开始释放芽孢的时期是________。
   A. 延滞期　　B. 指数期　　C. 稳定期　　D. 衰亡期

9. 种子培养基，最好取自典型生长曲线上________的培养液。
   A. 延滞期　　B. 指数期　　C. 稳定期　　D. 衰亡期

10. 下面属于严格厌氧菌的是________。
    A. 大肠杆菌　　B. 酵母菌　　C. 乳酸菌　　D. 产甲烷菌

11. 必须在较高浓度分子氧的条件下才能生长，有完整的呼吸链，以分子氧作为最终氢受体，具有超氧化物歧化酶和过氧化氢酶的微生物，称为________。

A. 专性好氧菌　　B. 兼性厌氧菌　　C. 耐氧菌　　D. 厌氧菌

12. 下面哪一个不属于防腐措施________。

A. 低温　　B. 缺氧　　C. 干燥　　D. 微波

13. 菌体产量与营养物质浓度的消耗间呈现出的有规律的比例关系为________。

A. 生长速率常数　　B. 生长速度常数

C. 生长产量常数　　D. 生长抑制常数

14. 采用强烈的理化因素使任何物体内外的一切微生物永远丧失其生长繁殖能力的措施为________。

A. 消毒　　B. 灭菌　　C. 防腐　　D. 化疗

15. 血清可用下列________方法除菌。

A. 巴氏消毒法　　B. 紫外线消毒　　C. 过滤除菌　　D. 高压蒸汽灭菌

16. 接种环的准确灭菌方法是________。

A. 高压蒸汽灭菌　　B. 火焰灭菌　　C. 过滤除菌　　D. 紫外线灭菌

17. 计算石炭酸系数时的供试菌和处理时间分别是________。

A. 伤寒沙门菌 30min　　B. 金黄色葡萄球菌 30min

C. 伤寒沙门菌 10min　　D. 金黄色葡萄球菌 10min

18. 对天然抗生素的结构进行人为改造后的抗生素，称为________。

A. 合成抗生素　　B. 细菌素　　C. 生物药物素　　D. 半合成抗生素

19. 下列哪一种微生物对抗生素不敏感________。

A. 细菌　　B. 立克次体　　C. 衣原体　　D. 病毒

20. 下面________不属于化学治疗剂。

A. 磺胺类药物　　B. 抗生素　　C. 生物药物素　　D. 防腐剂

四、判断题（答 A 表示说法正确，答 B 表示说法不正确，不正确的题目须指出错误并修改）

1. 在微生物学中，凡提到“生长”时，一般均指群体生长。（　　）
2. 在同步培养过程中，一般经 2 ~ 3 个分裂周期就会很快丧失其同步性。（　　）
3. 产生衰亡期的原因主要是外界环境对微生物继续生长越来越不利，从而引起细胞内的分解代谢明显超过合成代谢，继而导致菌体死亡。（　　）
4. 在使用血球计数板计数时，为了防止计数偏大，计数区四周压线的菌只能数特定的两边。（　　）
5. 在 10min 内杀死某微生物的最低温度称为该微生物的致死温度。（　　）
6. 连续培养是使微生物的液体培养物长期维持稳定、高速生长状态的一种培养技术。（　　）
7. 表面活性剂对一切病原体都有活性。（　　）

8. 微生物生长的最适 pH 与合成某种代谢产物的 pH 是一致的。 ( )
9. 除不同种类微生物有其最适生长 pH 外，即使同一种微生物在其不同的生长阶段和不同的生理、生化过程中，也有不同的最适 pH 要求。 ( )
10. 虽然微生物外环境的 pH 变化很大，但细胞内环境中的 pH 却相当稳定，一般都接近中性。 ( )
11. 在稀释平板法计数时，选择稀释菌落数位 30 ~ 300 个之间的稀释度进行计数。 ( )
12. 分子量越大的物质产生的渗透压越高，所以罐藏食品通常用 50% ~ 70% 的糖溶液。 ( )
13. 广谱抗生素可以抑制所有病原体的生长。 ( )
14. 在光学显微镜下使用计数板可直接对细菌和酵母菌的细胞以及放线菌和霉菌的孢子进行计数，但计数值是总菌数。 ( )
15. 同一种微生物由于环境中的 pH 不同可能积累不同的代谢产物。 ( )
16. 细胞大小相同的同种微生物可用来进行同步培养。 ( )
17. 凡严格厌氧菌均无 SOD 活力，一般也无过氧化氢酶活力。 ( )
18. 用天然原料配制的培养基所需的灭菌时间要比组合培养基所需的灭菌时间长。 ( )
19. 典型生长曲线是单细胞微生物在一恒定容积液体培养基中所出现的生长规律。 ( )
20. 在生长曲线的稳定期中，细胞不再增殖，故群体中的细胞数目达到最高值且维持稳定。 ( )
21. 为获得最高发酵产量，在微生物的发酵全过程中，必须让微生物始终处于最适生长温度、恒定的 pH 和通气条件。 ( )
22. 青霉素产量最高时的发酵温度并不一定等于该生产菌的最适生长温度。 ( )
23. 在厌氧菌的细胞内，都不能合成 SOD 和过氧化氢酶。 ( )
24. 在相同作用温度下，湿热灭菌法比干热灭菌法的灭菌效果更好。 ( )
25. 细菌芽孢在加压蒸汽灭菌条件下，一般要在 120℃ 下处理 15 ~ 20min 才能被杀死。 ( )
26. 要杀死培养基中存在的细菌芽孢，只能用高压蒸汽灭菌法。 ( )
27. 培养基采用加压蒸汽灭菌锅进行灭菌时，锅内空气必须彻底排尽才能提高蒸汽温度。 ( )

五、问答题

1. 什么是典型生长曲线？它分为几期？划分的依据是什么？
2. 延滞期有何特点？出现的原因是什么？影响延滞期长短的因素有哪些？
3. 指数期有何特点？处于此期的微生物有何应用？
4. 稳定期到来的原因有哪些？稳定期的生长规律对生产实践有什么重要的指导意义？
5. 什么是连续培养？为何其连续时间总是有限的？

6. 什么是高密度培养，如何保证好氧菌的高密度培养？
7. 试述 McCord 和 Fridovich 关于厌氧菌氧毒害的超氧化物歧化酶假说。
8. 影响加压蒸汽灭菌的主要因素有哪些？在实践中应如何正确处理？
9. 抗药性的产生途径有哪些？
10. 抗代谢药物的作用有哪些？

六、综述题

1. 从历史的角度来看，微生物培养技术发展的轨迹有哪些特点？
2. 简述高温对培养基成分的有害影响及其防治方法。
3. 简述进行高密度培养的具体方法。

第七章

微生物遗传变异和育种

主要内容

本章教学内容包括遗传变异的物质基础，基因突变和诱变育种，微生物的基因重组，菌种的衰退、复壮和保藏。

遗传和变异是生物体最本质的属性之一。对微生物遗传变异规律的深入研究，不仅促进了现代生物学的发展，而且还为微生物育种工作提供了丰富的理论基础。促使育种工作向着从不自觉到自觉，从低效到高效，从随机到定向，从近缘杂交到远缘杂交等方向发展。

以微生物为实验对象的三个经典实验论证了遗传变异的物质基础为核酸，而几位学者通过 3 个严密而巧妙的实验：变量实验、涂布实验和影印实验，证明了基因突变的自发性和不对应性，对于科学创新思维的培养极具现实意义。

基因自发突变发生的概率很低，通过诱发突变可以显著提高基因突变频率。在诱变育种过程中，诱变和筛选是两个主要环节，由于诱变是随机的，而筛选则是定向的，故相比之下，后者显得尤为重要。基因重组遗传物质在分子水平上的杂交，必然包含了分子水平上的重组，例如真核微生物中的有性杂交、准性杂交、原生质体融合以及原核生物中的转化、转导、接合和原生质体融合等。由于杂交育种是选用已知性状的供体菌和受体菌作为亲本，因此，不论是在方向性还是在自觉性方面，均比诱变育种前进了一大步。

微生物的育种技术从常规的自然选育和诱变选育发展到基因重组和基因工程，育种技术的不断发展，大大提高了育种效果。基于系统生物学的遗传工程——合成生物学可以在改造和优化天然表达体系的同时，将动物源和植物源的代谢路径构建到微生物体系中，实现目标代谢物的异源表达。

重点、难点

诱变育种的基本原则以及三类突变株的筛选方法，原核微生物的基因重组方式。

习题

一、名词解释

1. 饰变　2. 营养缺陷型　3. 接合　4. F′菌株
5. 诱变育种　6. 感受态　7. 准性生殖　8. 表型
9. 原养型　10. 基因重组　11. 基因突变　12. 光复活作用
13. 移码突变　14. 转导　15. 转化　16. 普遍性转导
17. 局限性转导　18. 转染　19. 原生质体融合　20. Ames 实验
21. 基本培养基　22. 完全培养基　23. 补充培养基　24. 转座因子
25. 溶源转变　26. 流产普遍转导

二、填空题

1. 以微生物为实验对象，证明 DNA 是遗传物质的三个经典实验分别是__________、__________、__________。
2. 证明基因突变自发性和不对应性的三个经典试验是__________、__________和__________。
3. 基因自发突变具有的特性为__________、__________、__________、__________、__________、__________和__________。
4. 细菌在一般情况下是一套基因，即__________，真核微生物通常有两套基因，又称__________。
5. 在__________转导中，噬菌体可以转导供体染色体的任何部分到受体细胞中；而在__________转导中，噬菌体总是携带同样的片段到受体细胞中。
6. DNA 分子中一种嘧啶被另一种嘌呤取代称为__________。
7. 四种引起细菌基因重组的方式是__________、__________、__________、__________。
8. 紫外线照射能使 DNA 相邻碱基形成__________，从而导致 DNA 复制产生错误。
9. 用紫外线诱变微生物后应在__________条件下进行，以防止__________现象的产生。
10. 染色体畸变引起的结构变化既包括__________、__________、__________、__________、__________，也包括__________。
11. 微生物突变类型中常用的表型变化的突变型主要有__________、__________、__________。
12. 大肠杆菌乳糖操纵子上的调节基因编码产生__________，能与操作基因结合，决定结构基因是否转录。
13. 受体细胞从外界吸收供体菌的 DNA 片段(或质粒)，引起基因型改变的过程称为__________。
14. *his*C^- 与 *his*C^+ 分别表示__________和__________。

15. str^{r} 与 str^{s} 分别表示____________和____________。

16. 微生物菌种保藏的原理是在____________、____________、____________、____________和____________等环境条件下，使其处于代谢不活泼状态。

17. 准性生殖过程包括____________、____________、____________、体细胞交换和单倍体化。

18. 各大菌种保藏机构普遍使用的两种保藏方法是____________和____________。

三、单项选择题

1. 将细菌作为实验材料用于遗传学方面研究的优点是________。
   A. 生长速度快　B. 易得菌体
   C. 细菌中有多种代谢类型　D. 所有以上特点

2. 最早进行肺炎链球菌转化实验的科学家是________。
   A. F. Griffith　B. O. T. Avery　C. M. Chase　D. A. D. Hershey

3. 诱变育种是指利用各种诱变剂处理微生物细胞，提高基因的随机________，通过适当的筛选方法获得所需要的高产优质菌株。
   A. 重组频率　B. 融合频率　C. 突变频率　D. 调控频率

4. 用平板影印培养试验微生物的抗药性是在未接触药物前自发地产生的学者是________。
   A. S. E. Luria　B. J. Lederberg
   C. H. B. Newcombe　D. M. Delbrück

5. $F^{+}F^{-}$ 接合时，以下表述错误的是________。
   A. F^{-} 细胞转变为 F^{+} 细胞　B. F^{+} 细胞转变为 F^{-} 细胞
   C. 染色体基因不转移　D. 细胞与细胞间的接触是必须的

6. 以下突变中，很少有可能产生回复突变的是________。
   A. 点突变　B. 颠换
   C. 转换　D. 染色体上三个碱基的缺失

7. 关于准性生殖，以下说法正确的是________。
   A. 通过减数分裂导致基因重组　B. 有可独立生活的异核体阶段
   C. 可导致高频率的基因重组　D. 常见于子囊菌和担子菌中

8. 主要存在于各种微生物细胞质中的小 DNA 分子称作________。
   A. 质体　B. 质粒　C. 质子　D. 间体

9. 以下几种遗传现象中，________被称为“自发基因工程”“内源性基因工程”。
   A. 碱基转换　B. 碱基颠换　C. 转座　D. 移码突变

10. 以噬菌体为媒介，把供体细胞的 DNA 片段带到受体细胞中，使后者获得前者的部分遗传性状的现象叫________。
    A. 转化　B. 转导　C. 转换　D. 接合

11. 证明核酸是遗传变异物质基础的三个经典实验是________。
    A. 转化、变量和涂布实验

B. 转导、变量和影印培养实验

C. 彷徨、涂布和影印培养实验

D. 噬菌体感染、病毒拆开重建试验以及转化试验

12. 在选育抗青霉素的菌株时，在培养基中必须加入青霉素，其作用是________。

A. 作为诱变剂　　B. 识别遗传标记

C. 抑制革兰氏阳性菌的生长　　D. 作为营养物

13. 转化因子的本质是________。

A. 蛋白质　　B. 离体的 DNA 片段

C. RNA 片段　　D. 核染色体

14. 营养缺陷型菌株是指________的菌株。

A. 培养基中营养成分缺少时获得　　B. 有营养摄入障碍

C. 在完全培养基上也不能生长　　D. 缺乏合成某种营养成分能力

15. 最易引起移码突变的诱变剂是________。

A. 烷化剂　　B. 硫酸二乙酯　　C. 5－溴尿嘧啶　　D. 吖啶类化合物

16. 由一种诱变剂引起 DNA 分子中一个或少数几个核苷酸的增加或缺失，从而造成突变点以后的全部遗传密码的转录和转译发生错误，由这种突变产生的突变体称为________。

A. 碱基对的转换　B. 碱基对的颠换　　C. 移码突变　　D. 染色体畸变

17. 大肠杆菌基因组的大小，应该是________。

A. 4.6kb　　B. 4.6Mb　　C. 12Mb　　D. 120Mb

18. 黏质沙雷菌在25℃下培养，产生深红色的灵杆菌素；在37℃下培养，不产生色素，这种现象属于________。

A. 转化　　B. 突变　　C. 衰退　　D. 饰变

19. 在植物基因工程中使用最广，效果最佳的克隆载体是________。

A. F 质粒　　B. Col 质粒　　C. Ti 质粒　　D. R 质粒

20. 在大肠杆菌(*E. coli*)的乳糖操纵子中，基因调节主要发生在________水平上。

A. 转化　　B. 转导　　C. 转录　　D. 翻译

21. 以下碱基序列中________最易受紫外线破坏。

A. AGGCCA　　B. AGAACA　　C. GTTTGC　　D. TGTGTA

22. 预防结核分枝杆菌的疫苗——卡介苗的育种原理是利用菌体的________变异。

A. 形态　　B. 毒力　　C. 抗性　　D. 颜色

23. 质粒通常以________存在于细胞中。

A. 线形 LDNA　　B. 共价闭合环状的超螺旋 cccDNA

C. 环状 ODNA　　D. 不定形

24. 抗药性质粒(R 因子)在医学上很重要，是因为它们________。

A. 可引起某些细菌性疾病　　B. 携带对某些抗生素的特定抗性基因

C. 将非致病菌转变为致病菌　　D. 可以将真核细胞转变为癌细胞

25. 不能直接引起碱基置换的诱变剂是________。

A. 亚硝酸　B. 羟胺　C. 硫酸二乙酯　D. 5－溴尿嘧啶

26. 为了增强难转化细菌的转化能力，可以用________处理其球状体，以提高 DNA 的透过能力。

A. KCl　B. $CaCl_2$　C. $MgCl_2$　D. $FeCl_3$

四、判断题（答 A 表示说法正确，答 B 表示说法不正确，不正确的题目须指出错误并修改）

1. 微生物的遗传物质大多数是 DNA。（　）
2. 营养缺陷型微生物在 MM 与 CM 中均能生长。（　）
3. 吖啶类化合物是以碱基置换的方式引起基因突变的。（　）
4. 在制备酵母原生质体时，可用溶菌酶裂解细胞壁。（　）
5. 所谓转导子就是带有供体基因的缺陷噬菌体。（　）
6. 饰变是生物在环境条件改变时表现出来的一种表型变化，它是生物自发突变的结果。（　）
7. 准性生殖可使同种生物两个不同菌株的体细胞发生融合，且不以减数分裂的方式导致低频率的基因重组而产生重组子。（　）
8. 用青霉素浓缩放线菌营养缺陷型的原理是在基本培养基上，野生型因生长而致死，缺陷型因不生长而存活，从而达到浓缩目的。（　）
9. 在限量补充培养基里，大菌落为野生型菌株，小菌落为营养缺陷型菌株。（　）
10. 当基因发生突变时，由该基因指导合成的蛋白质也必然发生改变。（　）
11. Lederberg 的影印培养试验证明了基因突变与环境条件没有直接对应的关系。（　）
12. 质粒含有菌体生长所必需的基因。（　）
13. 与单独处理相比，诱变剂的复合处理常常表现出明显的协同效应。（　）
14. 处于感受态的细菌易于摄取转化因子的主要原因是代谢活跃。
15. 一般认为各种抗性突变是通过适应而发生的，即由其所处的环境诱发出来的。（　）
16. 转染与转化相似，被感染的宿主都能形成转化子。（　）
17. 初生 F′菌株和次生 F′菌株都属于部分二倍体。（　）
18. 霉菌的基因重组，准性生殖的发生频率高于有性生殖。（　）
19. 凡能引起转导的噬菌体，不是部分缺陷噬菌体，就是完全缺陷噬菌体。（　）
20. 诱变育种工作中为了获得突变株，筛选方法通常比诱变方法更重要。（　）
21. 转化与转导都是不需要供体菌和受体菌的完整细胞直接接触而进行的。（　）
22. 微生物某一基因的突变率，会明显影响其邻近基因的突变率。（　）
23. 质粒在微生物细胞中并非是生存所必需的遗传物质，丢失后一般不影响微生物的生存。（　）
24. 普遍转导可将供体菌的任何基因转导，故可使受体菌成为获得全套供体菌基因组的

转导子。（ ）

25. 低温有利于菌种保藏，在 -196℃到 4℃范围内，温度越低，则保藏效果就越好。（ ）

五、简答题

1. 为什么微生物是遗传学研究的“明星”？
2. 什么是基因重组，在原核微生物中有哪些方式可引起基因重组？
3. 质粒广泛用于遗传育种工作的特点有哪些？
4. 简述真菌的准性生殖过程，并说明其意义。
5. 简述营养缺陷型菌株的筛选步骤。
6. 进行紫外线诱变处理时，应注意哪些问题以保证诱变效果？
7. 诱变育种应遵循什么原则？
8. 试比较普遍性转导与局限性转导的异同。
9. 为什么说溶原性转换与转导有本质的不同？
10. 营养缺陷型菌株筛选的时候，淘汰野生型菌株的目的、原理及方法？
11. 简述基因工程的基本操作。
12. 什么是菌种复壮？
13. 如何防止菌种退化？
14. 菌种保藏的原理是什么？常见的菌种保藏方法有哪些？

六、综述题

1. 什么叫原生质体融合？它的基本操作及优点有哪些？
2. 如何通过诱变技术获得一株 Lys^- 的大肠杆菌菌株？简要写出你的技术路线并说明营养缺陷型菌株有哪些应用。
3. 试述 Ames 实验的原理、应用、影响因素及对于此方法的评价。
4. 什么是菌种衰退？菌种衰退的原因是什么？
5. 试述 CRISPR/Cas9 系统的定义、组成、作用机制及应用。

第八章 微生物的生态

主要内容

本章讲述了微生物在自然界中的分布，包括土壤中的微生物、水中的微生物、空气中的微生物、工农业产品上的微生物、极端环境下的微生物、生物体内外的正常菌群及人类活动对微生物生态分布情况的影响等。生境不同，能够提供给微生物的生长温度、pH、渗透压、含氧量、营养等各方面的条件也不同，生活在不同环境下的微生物有着不同的代谢，人类可以利用这些特有的代谢途径或代谢酶服务人类生活。从自然环境中发掘具有某种代谢优势的微生物，称为菌种资源的开发。在自然环境中筛选理想的菌种是一件极其艰辛的工作，筛选步骤一般为：采集菌样→富集培养→纯种分离→性能测定→菌种保藏。

微生物无所不在，不同生境下的微生物与其他的生物有着各种各样复杂的关系，其中最常见的五大关系有共生、互生、寄生、拮抗、捕食。本章介绍了五大关系的典型案例，并用以指导农业领域进行害虫防治、生物固氮、提高化肥利用率、促养殖业增产、工业发酵降本增产等。

本章还介绍了微生物在地球化学中碳、氮、硫、磷四种主要元素循环中参与的化学反应。最后介绍了微生物对环境保护方面的作用，重点介绍了水体污染的微生物治理原理与方法、沼气发酵以及微生物对环境污染的监测作用。

重点、难点

微生物的分布及菌种资源开发，氮素循环，沼气发酵。

习题

一、名词解释

1. 微生物生态学　　2. 微生物组　　3. 水体的自净作用
4. 生物气溶胶　　5. 霉腐微生物学　　6. 极端微生物

7. 菌根　　8. 共生　　9. 互生
10. 拮抗　　11. 寄生　　12. 捕食
13. 根际微生物　　14. 硝化作用　　15. 反硝化作用
16. 富营养化　　17. BOD　　18. COD
19. TOD　　20. DO　　21. TOC
22. 活性污泥

二、填空题

1. 地层深处微生物的类型多数为__________(填写营养类型)型微生物。
2. 耕地土壤中的微生物种类数量的排序规律为：________________________。
3. 我国对饮用水的微生物种类和数量都有严格规定。良好的饮用水，其细菌总数应小于__________个/mL；当大于__________个/mL时就不宜作为饮用水了。我国卫生部门规定的饮用水标准是：1mL自来水中的细菌总数不可超过__________个(37℃，培养24h)，而1000mL自来水中的大肠菌群数则不能超过__________个(37℃，培养48h)。此外，从2007年7月1日起，我国卫生部门又开始实施一项重要的饮用水卫生标准——要求饮用水中可引起人体肝损伤和肝癌的微囊蓝细菌毒素含量不能超过__________ μg/L。
4. 微生物引起的材料劣化包括__________、__________、__________、__________。
5. 由*A. flavus*(黄曲霉)部分菌株产生的黄曲霉毒素aflatoxin，__________(写出简写)和*Fusarium tricinctum*(三隔镰孢菌)产生的单端孢烯族毒素trichothecene，__________(写出简写)都是强烈的致癌剂。
6. 嗜碱菌的一些蛋白酶、脂肪酶和纤维素酶等已被广泛开发并可添加在__________中。
7. 1956年首次从经高剂量辐射灭菌后发生腐败的肉罐头中分离到的*Deinococcus radiodurans*(耐辐射异常球菌)是至今所知道的抗辐射能力最强的生物，1999年已经破译了它的全基因组序列，主要用于研究__________和__________。
8. 在人体内外部生活着为数众多的微生物，其数量更是惊人，高达__________个，约为人体总细胞数的__________倍。
9. 菌种筛选的一般步骤：__________→__________→__________→__________→__________。
10. 地衣是最典型的共生例子，菌藻共生或菌菌共生，前者是真菌(一般为子囊菌)与绿藻共生，后者是真菌与蓝细菌共生。其中的绿藻或蓝细菌进行__________，为真菌提供有机养料，而真菌则以其产生的__________分解岩石，从而为藻类或蓝细菌提供矿质元素。
11. 新疆盛产甜瓜，但每年都有得霜霉病、白粉病的风险，产生该病的病原菌与甜瓜的关系属于__________，目前这些病原菌还不能人工培养。

12. 寄生于有害动物尤其是多数昆虫的病原微生物，包括细菌、病毒和真菌等，可用于制成____________或____________。
13. 微生物间的捕食关系主要是____________捕食____________和____________，它是水体生态系统中食物链的基本环节，在污水净化中也有重要作用。
14. 由于磷元素及其化合物没有气态形式，且磷无价态的变化，化学循环属于一种典型的____________。
15. 人们对环境问题的认识先后经历过逐步深化的 4 个阶段：____________、____________、____________、____________。
16. 我国对地面水环境质量标准的规定为：一级水 BOD_5 值 < ____________ mg/L，二级水 BOD_5 值 < 3mg/L，三级水 BOD_5 值 < ____________ mg/L，若 BOD_5 值 > 10mg/L，表示该水已严重污染，鱼类无法生存。
17. 从能量的角度将污水处理方法和具体装置分类，节能型有____________、____________，耗能型有____________和____________，产能型有____________。
18. ____________污水处理方法实际上是一个利用多种天然微生物进行混菌培养的连续培养器。____________是一种适合土地面积紧张的大城市内利用生物被膜处理污水的方法。
19. 近年来，我国若干大城市正在推行使用有机垃圾好氧生物反应器来对餐厨垃圾（含动、植物残体的厨余垃圾），甚至人和动物粪便进行快速分解，该反应利用的微生物具有的特点是____________________、____________。
20. 沼气，又称生物气，是一种混合可燃气，主要成分是____________，另有部分____________和少量的____________、____________等气体。
21. 生物发光的生化反应是 $NADH_2$ 中的[H]先传递给黄素蛋白以形成 $FMNH_2$，然后其中的[H]不经过____________而直接转移给____________，能量以____________形式释放。

三、单项选择题

1. 以下环境中________是最丰富的菌种资源库。

   A. 土壤　　B. 淡水　　C. 海水　　D. 空气

2. 土壤是微生物的天然培养基，以下描述错误的是________。

   A. 土壤的保水性，使微生物生长有充分的水供应
   B. 土壤颗粒间的空隙，保持了良好的通气条件
   C. 土壤的 pH 为 3.5 ~ 10.5，是大多数微生物的最适 pH
   D. 土壤的四季温度变化较大，使得微生物种类更加多样

3. 土壤中含菌量（从多到少）排序正确的是________。

   A. 细菌、放线菌、霉菌、酵母、藻类、原生动物
   B. 细菌、霉菌、放线菌、藻类、酵母、原生动物
   C. 放线菌、细菌、霉菌、藻类、原生动物、酵母
   D. 细菌、放线菌、藻类、霉菌、酵母、原生动物

4. 影响土壤中微生物分布与种类的因素是________。
   A. 土壤的类别与肥沃情况
   B. 根际微生物的情况根据植物生长发育的情况而变化
   C. 土壤的深度和气候变化的影响
   D. 以上都正确
5. 细菌________的土壤中偏多。
   A. 一般在中性、潮湿　　B. 在干旱、中性偏碱
   C. 在通气好、偏酸　　D. 在干旱、见光的环境
6. 一般微生物在土壤深度为________处分布最多。
   A. 0～20cm　　B. 5～20cm　　C. 5～50cm　　D. 0～10cm
7. 关于流水不腐的原因描述正确的是________。
   A. 好氧菌对有机物的降解作用以及藻类对无机元素的吸收利用
   B. 原生动物对细菌的吞噬作用、噬菌体对宿主的裂解作用
   C. 浮游动物和一系列后生动物通过食物链对有机物的摄取和浓缩作用
   D. 以上都正确
8. 关于饮用水的微生物学标准，错误的是________。
   A. 良好的饮用水细菌含量应 < 100 个/mL
   B. 细菌含量 > 500 个/mL 时不宜作为饮用水
   C. 饮用水的微生物种类主要采用以 *E. coli* 为代表的大肠菌群数作为指标
   D. 大肠菌群数≤1 个/L 才可以饮用
9. 降低空气中微生物数量的方法有________。
   A. 减少菌源和尘埃源　　B. 空气过滤
   C. 灭菌(如 UV 照射，甲醛熏蒸)　　D. 以上都正确
10. 以下场所微生物数量最多的是________。
    A. 南极　　B. 养殖场　　C. 公园　　D. 高山
11. 在好氧条件下，微生物酶解木质素和纤维素等物质而使材料的力学性质严重下降的现象称为________。
    A. 霉变　　B. 腐朽　　C. 腐烂或腐败　　D. 腐蚀
12. 人体的正常菌群与人的关系是________。
    A. 共生　　B. 互生　　C. 寄生　　D. 捕食
13. 人体的微生态系统不包括________。
    A. 肠胃道　　B. 血液系统
    C. 呼吸道和泌尿生殖道　　D. 口腔和皮肤
14. 肠道正常菌群的有益作用不包括________。
    A. 排阻、抑制外来致病菌，产生有机酸，降低肠道 pH 和促进肠道蠕动
    B. 为宿主提供蛋白质、脂肪酸、葡萄糖等营养，存在一定程度的固氮作用
    C. 产生淀粉酶、蛋白酶等有助于消化的酶类，分解有毒或致癌物质
    D. 刺激机体的免疫系统，提高机体免疫力

15. 从自然界筛选菌种的基本步骤不包括________。
A. 采集菌样和富集培养　B. 纯种分离和性能测定
C. 诱变菌株　D. 菌种保藏
16. 土壤中的好氧性自生固氮菌与纤维素分解菌之间的关系是________。
A. 共生　B. 互生　C. 寄生　D. 拮抗
17. 发酵工业中的混菌培养是利用了微生物间的________关系。
A. 共生　B. 互生　C. 寄生　D. 拮抗
18. 根瘤菌与植物间的关系是________。
A. 共生　B. 互生　C. 寄生　D. 拮抗
19. 白蚁与其肠道内的微生物之间的关系是________。
A. 共生　B. 互生　C. 寄生　D. 拮抗
20. 瘤胃微生物与反刍动物的关系是________。
A. 共生　B. 互生　C. 寄生　D. 拮抗
21. 微生物在生态系统中的角色包括________。
A. 微生物是有机物的主要分解者和生态系统中的初级生产者
B. 微生物是物质循环中的重要成员，是物质和能量的贮存者
C. 微生物是地球生物演化中的先锋种类
D. 以上都正确
22. 我国规定地面水质的合格标准为 DO 值________ mg/L。
A. >4　B. >1　C. >5　D. >10
23. 水的三级处理主要是把二级处理后水体中的无机 P、N 等无机化合物去除，可以选用的方法有________。
A. 用沉淀法除 P，中性条件下加温除 NH_3
B. 利用反硝化细菌的反硝化作用除 N
C. 繁殖藻类或养浮萍、水草等去除 N、P
D. 以上都正确
24. 活性污泥的特点有________。
A. 肉眼看是絮状泥粒，颗粒大小一般为 0.02 ~ 0.2mm
B. 成分有细菌、酵母、霉菌、藻类、原生动物
C. 细菌大多数以菌胶团的形式存在
D. 以上都正确
25. CH_4 的形成分为三个阶段，下列顺序正确的是________。
A. 水解阶段、产酸阶段、产气阶段
B. 水解阶段、产气阶段、产酸阶段
C. 产酸阶段、水解阶段、产气阶段
D. 产酸阶段、产气阶段、水解阶段

26. 以下________能防止食品的霉腐。
    A. 在加工、包装过程中严格消灭其中的有害微生物，在食品中添加少量无害的防腐剂
    B. 采用低温、干燥以及在密封条件下用除氧剂或充以 CO_2、N_2 等措施
    C. “冷链”方法操作保证运输、保藏、营销、消费等全过程都在低温下进行
    D. 以上都正确
27. PCR 使用的 DNA 聚合酶 pfu 来自 *Pyrococcus furiosus* 激烈火球菌，其最适生长温度为 100℃，属于________。
    A. 耐热菌　　B. 专性嗜热菌　　C. 极端嗜热菌　　D. 超嗜热菌

四、判断题(答 A 表示说法正确，答 B 表示说法不正确，不正确的题目须指出错误并修改)

1. 海洋深渊区因超高静水压、缺乏阳光和有机物等极端环境因素，是生命的禁区，没有生物。（　　）
2. 数量庞大、种类繁多的海洋微生物，是海洋生态系统的主体，也是海洋生物量和生产力的主要贡献者。（　　）
3. 空气中的微生物以气溶胶的形式存在，能传播动、植物病害，是导致发酵工业污染以及工农业产品霉腐等的重要根源。（　　）
4. 不是所有 *A. flavus* 的菌株都产 AFT。（　　）
5. AFT 可以直接导致肝癌发生。（　　）
6. 我们可以从嗜酸微生物体内克隆耐酸酶。（　　）
7. 微生物的抗辐射能力明显高于高等动植物。以抗 X 线为例，病毒高于细菌，细菌高于藻类。（　　）
8. 冬虫夏草属于真菌寄生。（　　）
9. 在制作民间食品泡菜和牲畜的青贮饲料过程中，菌群之间是互生关系。（　　）
10. 有机物在微生物的作用下，通过氨化作用生成氨，可以给农作物提供氮素营养。（　　）
11. 保持土壤疏松，可以降低反硝化作用造成的氮肥损失。（　　）
12. 产甲烷菌是一类必须生活在严格无氧生境下的古菌类。它们能以 H_2 还原 CO_2 等一碳化合物来获得自身所需要的能量和细胞物质，产生代谢废物 CH_4。（　　）

五、简答题

1. 为什么土壤被称为微生物的天然培养基?
2. 水体中微生物区系情况的差异主要是由于哪些因素不同导致的?
3. 为什么可以通过检验水中大肠菌群数来判断是否符合饮用水标准?
4. 简述防止工业产品霉腐的方法。
5. 简述微生态学的研究内容以及人体的微生态系统。
6. 简述附生微生物的定义、种类、对植物的作用及人类应用。

7. 谈谈自然界硫素循环中微生物对工业、农业的影响表现在哪些方面。
8. 什么是细菌沥滤，其优缺点有哪些？
9. 简述在实践中用微生物处理污水的原理。
10. 简述利用发光细菌监测环境污染的原理和优点。

六、综述题

1. 请你谈谈研究微生物的生态规律有哪些重要的理论意义和实践价值。
2. 请说说常见的淡水型水体都有哪些？其中分布的微生物情况如何。
3. 为什么说嗜热菌在生产实践和科学研究中有着广阔的应用前景？
4. 请说说什么是无菌动物以及它们的科研价值。
5. 请说说氮元素在自然界中存在的形式，以及他们是如何循环的？
6. 什么是沼气发酵？简述其过程。
7. 结合嗜冷微生物的特点，谈谈其有何危害和应用。
8. 谈谈肠道正常菌群对宿主的有益作用。
9. 试述人类活动对微生物生态分布的影响及其研究意义。
10. 谈谈水体污染及如何防治？
11. 假设我们要从自然环境中分离纯化能够分解纤维素的微生物，请设计实验并说说实验步骤。

第九章 传染与免疫

主要内容

本章主要探讨了病原微生物与其宿主之间的相互关系，重点介绍了决定传染结局的三大因素、宿主的非特异性免疫和特异性免疫、免疫学方法及其应用、生物制品及其应用等。

决定传染结局的三大因素有病原菌、宿主免疫力和环境。本章重点介绍了病原体的毒力、侵入数量和侵入门径，这些知识对于预防病菌的入侵有指导意义。

宿主的免疫力包括非特异性免疫和特异性免疫，有许多细胞和大分子参与。免疫器官有中枢免疫器官和外周免疫器官，中枢免疫器官是免疫细胞发生、分化和成熟的部位，外周免疫器官是免疫细胞居住和发挥功能的部位。

非特异性免疫包括皮肤与黏膜的机械阻挡、化学物质的抗菌作用及正常菌群的拮抗作用，天然的血脑屏障和血胎屏障，体内天然存在的吞噬细胞和粒细胞的吞噬作用，炎症反应和正常体液组织中的抗菌物质发挥作用等。

特异性免疫可以通过自动或被动两种方式获得。免疫应答是指从抗原的刺激开始，经过抗原特异性淋巴细胞对抗原的识别，使淋巴细胞发生活化、增殖、分化等一系列变化，最终表现出相应的体液免疫和细胞免疫效应。进行特异性免疫的细胞主要是 T 细胞和 B 细胞；巨噬细胞和树突状细胞可作为抗原递呈细胞，是特异性免疫和非特异性免疫之间的桥梁。抗体由浆细胞产生，人类和小鼠都有五类抗体，分别命名为 IgA、IgM、IgG、IgD、IgE。用淋巴细胞杂交瘤技术可以制备单克隆抗体，既能用于基础研究，还能用于制备“药物导弹”和治疗肿瘤。

由传统血清学抗原抗体反应发展出的现代免疫学方法，可以进行免疫诊断和免疫检测，在疾病诊断、法医和基础理论的研究和应用中有重要作用。抗体结合不同的标记物，能大大提高检测的灵敏度，对抗原进行定性、定量和定位。另外本章还介绍了类毒素、抗毒素、疫苗种类和非特异性免疫调节剂等。

重点、难点

特异性免疫，包括细胞免疫、体液免疫过程中的细胞相互识别，免疫学方法。

习题

一、名词解释

1. 传染　2. 疾病　3. 毒力　4. 外毒素
5. 类毒素　6. 内毒素　7. 免疫　8. 非特异性免疫
9. 抗原递呈细胞　10. 抗原递呈　11. 树突细胞　12. 炎症
13. 干扰素　14. 免疫应答　15. 细胞免疫　16. 体液免疫
17. T 细胞　18. B 细胞　19. 细胞因子　20. MHC
21. CD　22. 黏附分子　23. 抗原　24. 抗原决定簇
25. 初次应答　26. 再次应答　27. 浆细胞　28. 单克隆抗体
29. 凝集反应　30. 沉淀反应　31. ELISA　32. Western blot
33. 免疫接种　34. 疫苗　35. 自身疫苗　36. 抗病毒血清
37. 免疫调节剂

二、填空题

1. 传染与免疫代表了病原微生物与其宿主相互关系的两个方面，是人类______、______和______各种传染病的理论基础。
2. 宿主的三道防线指______、______、______。
3. 免疫功能包括______、______、______。
4. 毒力测定法有：①______：能引起 50% 实验动物死亡的细菌量或毒素量；②______：能引起 50% 实验动物感染的细菌量或毒素量。
5. 内毒素具有极强的化学稳定性，在______℃下干热灭菌______ h 才完全灭活。以往曾用______发热试验法检测，现在使用______，已被广泛用于临床诊断，药品、生物制品和血制品检验，食品卫生监测以及科学研究等许多领域中。
6. 按发病时间的长短可把显性传染分为______和______两种；按发病部位的不同，可分为______和______两种，按性质和严重程度的不同，可把它们分成 4 类：______、______、______、______。
7. 存在于机体表面和与外界相通腔道中的正常菌群，是维护机体健康的非特异性免疫组成之一。分布于肠道、皮肤、泌尿生殖道中的正常菌群，因其数量较大、种类较多和功能较明显，尤为重要。它们通过______、______和______等，抑制外来病原体。
8. 多形核白细胞有 3 类：______、______和______，其中______最为重要，因为它的数量占 3 种粒细胞中的 90%。
9. 免疫应答过程可分为 3 个阶段，即______、______，以及______。根据参与的免疫活性细胞的种类和功能的不同，免疫应答又可分为______和______两类。

10. 根据T细胞表面抗原受体蛋白的分化群或分化簇(cluster of differentiation, CD)的不同,可把分化成熟的T细胞分为________和________两大类。
11. 抗原一般应同时具备两个特性:①________,又称________,指能刺激机体产生免疫应答能力的特性;②________,或称________,指能与免疫应答的产物发生特异反应的特性。
12. 关于细菌抗原,有几种习惯用字母表示的名称,例如 *E. coli*, *Shigella dysenteriae*(痢疾志贺菌)的表面抗原称荚膜抗原或________;而 *Salmonella typhi*(伤寒沙门菌)的表面抗原则称为________;G^-尤其是一些肠道G^-表面的耐热、抗乙醇的脂多糖-蛋白抗原称为________;鞭毛蛋白抗原,又称________。
13. 抗原结合价指每个Ig分子上能与抗原决定簇相结合部位的数目。1个IgG分子是________价的,Fab是________价的,$F(ab')_2$是________价的,Fc和Fc′都是________价的,Fd是________价的,分泌的IgA是________价的,血清中的IgA是________价的,IgM理论上是________价的。
14. 颗粒性抗原(完整的细菌细胞或血细胞等)与相应的抗体在合适的条件下反应并出现肉眼可见的凝集团现象,称凝集反应或直接凝集反应。用于此反应中的抗原又称________,抗体则称________。在做凝集反应试验时,一般都应稀释抗体,即________。
15. 做沉淀反应时,为使抗原与抗体间达到最合适的比例,一般先要稀释________,原因是________的分子小,其________的相对数较高。
16. 由特异性抗体抑制相应抗原的生物学活性的反应,称为________。属于本试验中有生物学活性的抗原包括________、________和________等。
17. 免疫标记技术是将抗原或抗体用________、________、________或电子致密物质等小分子加以标记,借以提高其灵敏度和便于检出的一类新技术。其优点是特异性强,灵敏度高,应用范围广,反应速度快,容易观察。
18. 放射免疫测定法是一类利用放射性同位素标记的抗原或抗体来检测相应抗体或抗原的高灵敏度免疫分析方法。此法灵敏度高达________g。常用的同位素有________、________、________、________等。

三、单项选择题

1. 关于传染病的特点,以下说法错误的是________。
   A. 有特异的病原体　　B. 有传染性、可防可控
   C. 宿主能产生免疫性　　D. 传染病流行没有规律
2. 以下属于甲类传染病的是________。
   A. SARS　　B. 艾滋病　　C. 鼠疫　　D. 麻疹
3. 新冠肺炎属于________传染病。
   A. 甲类　　B. 乙类　　C. 丙类　　D. 没有分类
4. 以下疾病中不属于人畜共患的传染病是________。
   A. 禽流感　　B. 口蹄疫　　C. 狂犬病　　D. 麻疹

5. 病原菌的________是决定传染结局的主要因素。

A. 毒力、侵入数量、侵入门径　　B. 毒力、侵入数量、侵袭力

C. 毒力、侵入门径、侵袭力　　D. 侵入数量、侵入门径、侵袭力

6. 以下________不是外毒素的特点。

A. 化学本质是蛋白质　　B. 毒性非常强

C. 是细胞壁的固有成分　　D. 抗原性强、热稳定性差

7. 以下可以用于应急预防破伤风杆菌引起的疾病的是________。

A. 破伤风毒素　　B. 破伤风类毒素

C. 破伤风抗毒素　　D. 抗生素

8. 以下________是传染性疾病。

A. 遗传性疾病或生理代谢性疾病　　B. 中毒或机械性创伤

C. 由生态环境引起的地方病　　D. 麻疹、流感

9. 以下不是细菌使宿主致病的方式是________。

A. 产生各种侵袭性酶类　　B. 外毒素

C. 内毒素　　D. 整合到宿主基因组上

10. 以下________不是粒细胞的特征。

A. 分节状的细胞核　　B. 细胞质含大量溶酶体

C. 寿命长达 120d　　D. 形状小、运动力强

11. 巨噬细胞的功能不包括________。

A. 吞噬和杀菌作用　　B. 抗原递呈作用

C. 与抗原特异结合　　D. 免疫调节作用和抗癌作用

12. 炎症后期，形成的脓不包括________。

A. 宿主的死细胞　　B. 淋巴液

C. 血清和白细胞　　D. 细菌

13. 关于补体，以下说法错误的是________。

A. 补体系统包括多种补体分子，补体是酶原

B. 可以识别不同抗原，特异性识别抗体

C. 能扩大和增强抗体的“补助”功能，能被任何抗原–抗体的复合物激活

D. 由抗原–抗体复合物激活补体的过程是一系列较复杂的酶促级联反应，激活后的补体，发挥其溶胞作用、病毒灭活、促进吞噬细胞的吞噬和释放组胺等免疫功能

14. 干扰素的功能有________。

A. 抑制病毒在细胞中的增殖，以及对癌细胞的杀伤作用

B. 增强 Mφ 的吞噬作用

C. 增强 NK 细胞和 T 细胞的活力

D. 以上都正确

15. 以下________物质不能诱导细胞产生干扰素。

A. 人工合成的dsRNA(polyl：C，即聚肌苷：胞苷)、微生物产物(LPS、真菌多糖等)

B. 可在细胞内繁殖的微生物(立克次体、衣原体、支原体、细菌等)

C. 多聚化合物、植物血凝素(PHA)、伴刀豆球蛋白A(ConA)、葡萄球菌肠毒素A、卡那霉素等

D. 动物自身组织蛋白

16. 以下________属于天然被动免疫。

A. 临床感染产生抗体　　B. 接种疫苗产生抗体

C. 婴儿从母乳中获得抗体　　D. 注射破伤风抗毒素

17. 以下不属于免疫中枢系统的是________。

A. 骨髓　　B. 法氏囊　　C. 脾脏　　D. 胸腺

18. 外周免疫器官是免疫细胞________的场所。

A. 发生(产生)、分化(成熟)　　B. 分化(成熟)、居住

C. 发生免疫应答、居住　　D. 分化(成熟)、发生免疫应答

19. T细胞的功能包括________。

A. 细胞介导的细胞毒作用　　B. 迟发型超敏反应

C. 参与抗体的形成和炎症反应　　D. 以上都正确

20. 以下不属于T细胞独特的表面标志包括________。

A. E受体(绵羊红细胞受体)　　B. T细胞受体(TCR)

C. 丝裂原受体　　D. BCR

21. B细胞表面受体不包括________。

A. E受体　　B. 抗原受体(SmIg)

C. 补体受体和Fc受体　　D. 有丝分裂原受体

22. 以下的免疫分子不是膜结合型的是________。

A. TCR　　B. BCR　　C. MHC和CD　　D. Ab

23. 以下不属于完全抗原的是________。

A. 细菌细胞和病毒颗粒　　B. 细菌外毒素

C. 细菌核酸　　D. 动物血清

24. 习惯性将菌体抗原称为________。

A. O抗原　　B. H抗原　　C. K抗原　　D. Vi抗原

25. 下列有关抗体的说法错误的是________。

A. 抗体的化学本质是球蛋白分子，由两条重链和两条轻链构成

B. 抗体包含可变区和稳定区，每个抗体分子的可变区都不同

C. 抗体不可以作为抗原，不能产生抗抗体

D. 与相应的抗原发生特异性、非共价和可逆的结合

26. ________抗体是机体主要的抗传染抗体并能通过胎盘。

A. IgG　　B. IgA　　C. IgD　　D. IgM

27. 以下________细胞是最常见的 APC。

A. 巨噬细胞　　B. 粒细胞　　C. 血细胞　　D. T 细胞

28. 能分泌到乳汁、消化道、生殖道黏液中的是________。

A. IgG　　B. IgA　　C. IgD　　D. IgM

29. 血清学反应的特点是________。

A. 特异性与可逆性　　B. 条件依赖性

C. 定比性与阶段性　　D. 以上都正确

30. 下列关于抗原、抗体的比例与结合的关系表述错误的是________。

A. 两者比例合适时形成网络

B. 抗体过量时仅形成可溶性复合物

C. 抗原过量时形成可溶性复合物

D. 抗原抗体无论何种比例，形成的复合物是可溶的，不会沉淀

31. 在做凝集反应时，由于抗原体积巨大，抗原结合价相对较少，所以为使抗原和抗体间有一合适比例，一般________。

A. 稀释抗体　　B. 稀释抗原

C. 稀释抗原或抗体都可以　　D. 抗原和抗体都要稀释

32. 凝集反应的具体应用有________。

A. 菌种鉴定或定型、人类 ABO 血型测定

B. 诊断伤寒和副伤寒的肥达氏反应

C. 血液中乙型肝炎表面抗原、甲胎蛋白和钩端螺旋体的诊断

D. 以上都正确

33. 免疫沉淀反应常见的沉淀原有________。

A. 蛋白质、多糖、类脂溶液　　B. 血清、组织浸出液

C. 细菌抽提液　　D. 以上都正确

34. 免疫标记技术可以用来标记抗原或抗体的有________。

A. 荧光素、酶　　B. 电子致密物质　　C. 放射性同位素　　D. 以上都正确

35. 关于免疫标记技术的优点，下列说法正确的是________。

A. 特异性强、灵敏度高　　B. 反应速度快，容易观察

C. 可以定性、定量、定位　　D. 以上都正确

36. 免疫酶技术中常用的标记酶不包含________。

A. 辣根过氧化物酶　　B. 碱性磷酸酶

C. 脲酶和 3 – D – 半乳糖苷酶　　D. 蔗糖酶

37. 有关 ELISA 中的二抗，下列说法不正确的是________。

A. 是抗抗体

B. 可以与一抗都来源于相同动物

C. 标记的酶具有活性

D. 酶可以将无色底物水解、氧化等产生有色产物

38. 以下________不可以作为标记抗体的电子致密物质。

A. 辣根过氧化物酶　　B. 结晶紫

C. 胶体金　　D. 金、银的微粒或铁蛋白

39. 以下________属于生物制品。

A. 特异性的抗原(疫苗、菌苗、类毒素)

B. 抗体(治疗用血清、诊断用血清、免疫球蛋白、单克隆抗体等)

C. 细胞免疫制剂和免疫调节剂

D. 以上都正确

四、判断题(答 A 表示说法正确，答 B 表示说法不正确，不正确的题目须指出错误并修改)

1. 免疫学方法具有高度特异性和灵敏度，可用于基础理论研究中生物大分子的定性和定位，但不能定量。 (　　)
2. 为减少病菌数量和传染机会，在进家门后、饭前和便后用肥皂洗手被认为是最廉价和有效的方法。 (　　)
3. 医院是大家看病的地方，所以环境干净，病原菌少。 (　　)
4. 新冠确诊病例是统计的显性传染病例，无症状感染者统计的是隐性传染病例，两者都是带菌状态。 (　　)
5. 一般来说，大分子中蛋白质的抗原性最强，类脂类物质最差。抗原性排序为：蛋白质 > 复杂多糖 > 核酸 > 类脂。 (　　)
6. 多形核白细胞又称粒细胞，是一类有分节状细胞核、细胞质内含大量溶酶体颗粒的白细胞，形状较大，运动力强，在骨髓中形成，寿命长，存在于血流和骨髓中。 (　　)
7. 巨噬细胞是一类存在于血液、淋巴、淋巴结、脾、腹水和多种组织中的大型单核细胞(直径为 10 ~ 20μm)，寿命长，可做变形虫状运动，对异物有吞噬、胞饮、抗原加工和递呈作用。 (　　)
8. 巨噬细胞在机体的非特异性免疫和特异性免疫中都有极其重要的作用。 (　　)
9. IFN 有广谱抗病毒的特性，可以从动物中提取 IFN 用于人类病毒病的治疗。 (　　)
10. 所有的免疫细胞、红细胞、血小板都来自骨髓多能造血干细胞。 (　　)
11. 某些结构较简单、抗原性较弱的物质，若采用高岭土或氢氧化铝等吸附剂使其聚集成较“复杂”的表面结构，也可达到增强免疫原性的目的。 (　　)
12. 细胞因子本质就是体内分泌的激素。 (　　)
13. 自然杀伤细胞可在无抗体、无补体或无抗原致敏即非特异方式的情况下利用穿孔蛋白和粒酶去杀伤某些肿瘤细胞、被病毒感染的细胞、较大的病原体(如真菌和寄生虫)以及同种异体移植的器官和组织等，但不伤及正常细胞，是机体抗肿瘤的第一道防线。 (　　)
14. 凡缺乏免疫原性而有免疫反应性的抗原物质，称为半抗原或不完全抗原，例如大多数多糖、类脂、核酸及其降解物以及某些药物。 (　　)

15. 蛋白质分子量越大，免疫原性越强，明胶分子量达 10^5，所以其免疫原性很强。 (　　)

16. 对异物的识别功能，是高等动物在个体发育过程中通过淋巴细胞与抗原的接触而形成的一种“非己则异”的免疫识别功能。凡在胚胎期淋巴细胞所接触过的物质，即被当作“自身”物质，否则就属“异己”物质。所以，自身物质由于受外伤、感染、电离辐射或药物的影响而发生变化，也可成为“异己”物质即自身抗原，由此可引起自身免疫系统发生免疫应答，最终导致自身免疫疾病。 (　　)

17. 免疫调节剂用于治疗免疫功能低下、某些继发性免疫缺陷症和某些恶性肿瘤等疾病，免疫功能正常的人使用，可以防癌。 (　　)

五、简答题

1. 请列表比较细菌外毒素和内毒素的区别。
2. 简述病原体侵入易感宿主的路径有哪些，并各举 1 ~3 例。
3. 简述免疫的定义和功能。
4. 简述宿主免疫力的三道防线。
5. 怎么理解炎症是一种防御病原体入侵的积极的免疫反应？
6. 简述干扰素的诱导过程和作用机制。
7. 简述特异性免疫的作用及其特点。
8. 列表比较 T 细胞和 B 细胞的区别。
9. 简述抗体及其特点。
10. 列表比较人工自动免疫和人工被动免疫的区别。

六、综述题

1. 论述病原体突破宿主防御功能、侵入机体并在其中定居、生长繁殖和实现蔓延扩散的能力有哪些？
2. 如何理解干扰素是一类特殊免疫系统。
3. 请说说单克隆抗体制备技术及其发展。
4. 免疫学方法中抗原、抗体反应的一般规律有哪些。
5. 写出补体结合试验的基本原理和优缺点。
6. 淋巴细胞杂交瘤技术是生命科学和基础医学研究领域中一次具有重大革命意义的创举，该技术的建立，其意义可与 19 世纪 80 年代初的科赫学派建立细菌纯种分离和纯培养技术相比拟，同时该技术的建立人也荣获了 1984 年的诺贝尔生理学或医学奖。对于给予淋巴细胞杂交瘤技术如此高的评价，谈谈你的理解。

第十章 微生物的分类和鉴定

主要内容

本章主要讲述了随着微生物新种数的急剧扩大，现代的微生物分类学已从原有的按微生物表型进行分类的经典分类学发展到按微生物的亲缘关系和进化规律进行分类的微生物系统分类学阶段。微生物学工作者只有充分掌握分类学知识和理论，才有可能对微生物学开展分类、鉴定和命名等工作。

微生物在种以上的系统分类单元为界、门、纲、目、科、属、种七级；微生物的种是一个基本分类单元，它是一大群表型特征高度相似、亲缘关系极其接近、与同属内的其他物种有着明显差异的菌株的总称。每一种微生物都有一个自己的专门名称。

人类发现微生物并对其进行较深入的研究之前，只能把一切生物简单分成动物界和植物界两大类；从 19 世纪中期起，随着人们对微生物认识的逐步深化，生物的分界就经历了三界、四界、五界甚至六界等过程，最后又提出了“三域”学说。三域指的是细菌域、古菌域和真核生物域。

各大类微生物的系统分类学正迅速发展和不断完善，至今还没有一个分类系统能真正达到科学的、公认的和稳定的水平。在原核生物分类系统中，《伯杰氏系统细菌学手册》(第 2 版)最具权威性；在真核生物中用的比较多的分类系统是 Ainsworth 和 Bisby 的《安·贝氏菌物词典》。

微生物的分类和鉴定虽然目的不同，但是使用的方法和技术是密不可分的；常用的分类鉴定方法分成 5 个不同水平：①细胞的形态和习性水平；②细胞组成化学水平；③蛋白质水平；④核酸水平；⑤数学统计学或计算生物学水平等。

微生物分类鉴定的经典方法中，不论鉴定哪一类微生物，工作步骤都离不开以下 3 项：①获得该微生物的纯培养物；②测定一系列必要的鉴定指标；③查找权威性的菌种鉴定手册。常用微型、简便、快速或自动化鉴定技术有 API 细菌数值鉴定系统、Enterotube 系统、Biolog 全自动和手动细菌鉴定系统、细菌和病毒的灵敏快速鉴定方法等。

微生物分类鉴定中的现代方法包括：①通过核酸分析鉴定微生物遗传型：其中包括 DNA 碱基比例的测定、核酸分子杂交法、rRNA 寡核苷酸编目分析、微生物全基因组序列的测定等；②细胞化学成分作为鉴定指标：其中包括细胞壁的化学成分、全细胞水解液的糖型、磷酸类脂成分的分析、枝菌酸的分析、醌类的分析、气相色谱技术用于微生物鉴定；③数值分类法：分类工作的基本步骤是首先计算两菌株间的相关系数、然后列出相似度矩阵、最后将矩阵图转换成树状谱。

重点、难点

微生物分类学的三个任务，微生物菌种与菌株的概念，微生物学名的组成与书写方法，微生物分类鉴定的方法等。

习题

一、名词解释

1. 种　2. 模式种　3. 新种
4. 双名法　5. 属名　6. 菌株
7. GC 比　8. 分子系统发育树　9. 核酸分子杂交法
10. rRNA 寡核苷酸编目分析　11. 数值分类法

二、填空题

1. 微生物分类学的具体任务有 3 个，即对微生物进行________、________、________。
2. 分类的任务是解决从________到________或从________到________的问题。
3. 命名的任务是为一种新发现的________确定一个新________。
4. 所有生物学名均用________命名。
5. 种以上的系统分类单元自上而下可依次分成 7 级：________、________、________、________、________、________、________。
6. 微生物双命名法中，一个物种学名由________和________两部分组成。
7. 微生物双命名法中，属名的词首须________，种名加词的字首须________。
8. 20 世纪 70 年代末美国伊利诺斯大学的 Woese 等人提出了三域学说，包括________、________和________。
9. 在微生物分类鉴定的经典方法中，经典的鉴定指标有________、________、________、________、________、________和其他。
10. 数值分类法的分类工作的基本步骤为________、________和________。

三、单项选择题

1. 分类学的具体任务有________。
   A. 分类　B. 鉴定　C. 命名　D. 以上都正确
2. 近年来生物学种以上分类单元中比界更高的分类单元名称是________。
   A. 亚种　B. 域　C. 原界　D. 总界

3. “红色面包霉”是 *Neurospora crassa* 的________。
   A. 学名　B. 属名　C. 俗名　D. 以上都不对
4. 属名的词首须________，种加词的词首须________。
   A. 大写，小写　B. 大写，大写　C. 小写，小写　D. 以上都不对
5. 在微生物以三命名法表达的学名中，须排正体的词是________。
   A. 属名　B. 种加词
   C. 亚种或变种符号　D. 亚种或变种名的加词
6. 现有一未知细菌需要鉴定，最简便、快速、经济、实用的方法可以选用________。
   A. 常规鉴定法　B. API 法　C. Enterotube 法　D. Biolog 法
7. 用于生物进化和系统分类的原核生物 rRNA 的沉降系数为________。
   A. 80*s*　B. 70*s*　C. 18*s*　D. 16*s*
8. GC 比高的 DNA 样品，其 T_m 值也就________。
   A. 越高　B. 越低　C. 不变　D. 都不对
9. 细胞壁的成分和分子结构被用于分类鉴定中的微生物主要是________。
   A. 酵母菌　B. 霉菌　C. 蕈菌　D. 原核生物
10. 气相色谱技术被应用于微生物分类、鉴定的微生物主要是________。
   A. 放线菌　B. 酵母菌　C. 厌氧性细菌　D. 好氧性细菌

四、判断题（答 A 表示说法正确，答 B 表示说法不正确，不正确的题目须指出错误并修改）

1. 微生物的种是一个抽象概念，只有它的某一菌株才可以作为具体的“模式种”。（　）
2. 学名表达的方法有双名法和三名法两种，前者是由一个属名和一个种加词构成，后者则是由一个属名和两个种加词组成的复合词构成。（　）
3. 微生物的学名有时用三名法表示，它是由属名、种加词和菌株名 3 部分构成的。（　）
4. 生物分类中种以上分类单元自上而下依次可分为界、门、纲、目、科、属、种。（　）
5. 属名是一个表示该微生物主要特征的名词或用作名词的形容词，单数，第一个字母应小写。（　）
6. 新种是指最新权威性的分类、鉴定手册中从未记载过的一种新分离并鉴定过的微生物。（　）
7. 菌株的概念与克隆的概念相差甚远。（　）
8. 菌株的名称可由研究者自己拟定，不必报权威机构审批。（　）
9. 当发现者按《国际命名法规》对它命名并在规定的学术刊物上发表时，应在其学名后附上“sp. nov”符号。（　）
10. 菌株实为一个物种内遗传多样性的客观反映，几乎是无数的。（　）

11. 三域学说中的三域，按最新的名称应该称为细菌域、真细菌域和真核生物域。（　）
12. 在鉴定形态特征较丰富、细胞体积较小的真菌等微生物时，常以其形态特征为主要指标。（　）
13. 在鉴定形态特征较缺乏的细菌时，则须使用较多的生理、生化和遗传等指标。（　）
14. 在鉴定属于非细胞生物类的病毒时，除了使用光学显微镜和各种生化、免疫等技术外，还要使用致病性等一些独特的指标和方法。（　）
15. “Enterotube”的细菌快速鉴定系统因其鉴定项目有限，实际上只适用于一些肠道细菌的鉴定。（　）
16. G + Cmol% 值越接近的两种生物，其亲缘关系必然也十分接近。（　）
17. 亲缘关系越近的生物，其碱基序列也越接近。（　）
18. 通过测定多种生物的 GC 比后，发现 GC 比是建立新分类单元时的可靠指标。（　）
19. 至今利用全细胞水解液的糖型来做菌种鉴定的主要微生物是细菌。（　）
20. 数值分类法中所用的生物学特征应越多越好，但每一特征都是等值而不分主次的。（　）
21. 气相色谱分析可分析微生物细胞和代谢产物中的脂肪酸和醇类等成分，对酵母菌等的鉴定十分有用。（　）

五、简答题

1. 微生物分类鉴定方法分成哪几个水平？
2. 微生物分类鉴定的经典方法其工作步骤有哪些？
3. 国内外常用的有代表性的系列化、标准化和商品化的鉴定系统有哪些？试举例。
4. 微生物分类鉴定中的现代方法有哪些？
5. 测定生物 GC 比有何鉴定学意义？
6. 有哪些细胞的化学成分可以作为鉴定指标？

六、论述题

1. 为什么把 16S rRNA(18S rRNA)基因作为研究生物进化的主要对象？
2. 用于微生物鉴定的经典指标有哪些？随着新的理化技术在微生物鉴定中的应用，经典的分类指标会被淘汰吗？为什么？
3. 什么是 G + Cmol% 值？它在微生物分类鉴定中有什么重要性？
4. 什么是核酸分子杂交法？它在微生物分类鉴定中有什么应用？
5. 什么是数值分类法？其工作原理和工作基本步骤有哪些？

习题参考答案

绪　论

一、名词解释

1. 微生物：微生物是一切肉眼看不见或看不清的微小生物的总称，是个体微小、构造简单的低等生物。

2. 微生物学：微生物学是一门在分子、细胞或群体水平上研究微生物的形态结构、生理代谢、遗传变异、生态分布和分类进化等生命活动的基本规律，并将其应用于工业发酵、医药卫生、生物工程和环境保护等实践领域的科学，其根本任务是发掘、利用、改善和保护有益微生物，控制、消灭或改造有害微生物，为人类社会的进步服务。

3. 比面值：单位体积物体所占有的表面积值称为比面值。物体的体积越小，其比面值就越大。

4. 科赫法则：科赫法则由德国细菌学家罗伯特·科赫(Robert Koch)提出，现在被作为验证病原体致病性的“黄金”规则。包括四个步骤：①该微生物必须存在于该传染病的每一病例中；②该微生物应能被分离成纯培养物；③用分离的纯培养物接种至敏感动物后，应能使其患病；④从该患病动物中仍应能观察到和/或分离到相应的病原微生物。

5. 模式微生物：模式微生物是指适用于研究和揭示生命活动基本规律的各种微生物的代表，例如 *Neurospora crassa*(粗糙脉孢菌，俗称“红色面包霉”)；*Escherichia coli*(大肠埃希菌，俗称大肠杆菌)；*Saccharomyces cerevisiae*(酿酒酵母)和 *E. coli* 的 T 系噬菌体作为研究对象。

二、填空题

1. 肉眼看不见或看不清的微小，个体微小，构造简单，进化地位低

2. 原核，细菌，放线菌，蓝细菌，支原体，立克次体，衣原体，真核，真菌，原生动物，显微藻类，非细胞，病毒，亚病毒

3. 细胞，微米(μm)，细胞器，病毒，纳米(nm)

4. 原核，真核

5. 个体微小，外貌不显，杂居混生，因果难联

6. 史前期，各国劳动人民，初创期，列文虎克，奠基期，巴斯德，科赫，发展期，Buchner，成熟期，Waston，Crick

7. 17，荷兰，列文虎克，自制单式显微镜，微生物

8. 19，德，科赫，科赫

9. 19，法，巴斯德

10. 法，巴斯德，曲颈瓶，胚种

11. 体积小面积大，吸收多转化快，生长旺繁殖快，适应强易变异，分布广种类多，体积小面积大

12. DNA 功能的阐明，中心法则的提出，遗传工程的成功，人类基因组计划的实施

13. 物种的多样性，生理代谢类型的多样性，代谢产物的多样性，遗传基因的多样性，生态系统类型的多样性

三、单项选择题

1. C 2. B 3. A 4. A 5. C 6. D

四、判断题(答 A 表示说法正确，答 B 表示说法不正确，不正确的题目须指出错误并修改)

1. (B)解析：微生物还包括非细胞生物。

2. (A)

3. (B)解析：原核生物中应包括细菌、放线菌、蓝细菌、支原体、立克次体和衣原体。

4. (B)解析：真核类的真菌包括酵母菌、霉菌和蕈菌，细菌属于原核生物。

5. (B)解析：观察病毒应该用电子显微镜。

6. (A)

7. (A)

8. (A)

9. (B)解析：在微生物学纯种分离技术上做出重大贡献的是科赫。

10. (B)解析：由于巴斯德开展了“酒病”的研究，从而使微生物学研究从形态学阶段推进到生理水平阶段。

五、简答题

1. 什么是微生物？微生物包括哪几类？

答：微生物是一切肉眼看不见或看不清的微小生物的总和。微生物主要包括属于原核类的细菌(真细菌和古菌)、放线菌、蓝细菌、支原体、立克次体和衣原体；属于真核类的真菌(酵母菌、霉菌和蕈菌)、原生动物和显微藻类；以及属于非细胞类的病毒和亚病毒(类病毒、拟病毒和朊病毒)。

2. 微生物的特点有哪些？

答：个体微小、构造简单、进化地位低。

3. 微生物难以被认识的主要原因有哪些？

答：①个体微小；②外貌不显；③杂居混生；④因果难联。

4. 微生物的种类很多，即微生物多样性主要体现在哪几方面？

答：①物种的多样性；②生理代谢类型的多样性；③代谢产物的多样性；④遗传基因的多样性；⑤生态系统类型的多样性。

5. 德国的科赫作为细菌学的奠基人，证实某种微生物是某一传染病病原体的原则是什么？

答：该原则称为科赫原则。包括：①在每一相同病例中都出现这种微生物；②要从寄主分离出这样的微生物并在培养基中培养出来；③用这种微生物的纯培养接种健康而敏感的寄主，同样的疾病会重复发生；④从试验发病的寄主中能够再度分离培养出这种微生物来。

6. 什么是微生物学？微生物学的任务是什么？现有的大量微生物学分支学科如何对它进行科学分类？

答：微生物学是一门在分子、细胞或群体水平上研究微生物的形态构造、生理代谢、遗传变异、生态分布和分类进化等生命活动基本规律，并将其应用于工业发酵、医药卫生、生物工程和环境保护等实践领域的科学。其根本任务是发掘、利用、改善和保护有益微生物，控制、消灭或改造有害微生物，为人类社会的进步服务。现有的大量微生物学分支学科是根据其不同性质进行分类的。

六、综述题

1. 微生物有哪 5 大共性？其中最基本的是哪一个？为什么？

答：微生物的五大共性：体积小、面积大，吸收多、转化快，生长旺、繁殖快，适应强、易变异，分布广、种类多。其中体积小、面积大是微生物最基本的性质。因为一个小体积大面积系统，必然有一个巨大的营养物质吸收面、代谢废物排泄面和环境信息的的交换面，并由此产生其余 4 个共性。

2. 简述微生物学的发展怎样促进了人类的进步？请举例说明。

答：微生物学的发展促进了人类的进步主要表现在以下几方面：①微生物与医疗保健；②微生物与工业生产；③微生物与农业生产；④微生物与环境保护；⑤微生物与生命科学基础研究。例如外科消毒技术的应用，医疗保健上的六大战役；细菌冶金；细菌发酵产柠檬酸；微生物菌肥；单细胞蛋白作为饲料添加剂；微生物是重要的分解者，参与重要元素的大气循环；比如核酸是遗传物质的科学发现，实验材料用的是烟草花叶病毒和大肠杆菌噬菌体。

3. 微生物学发展史如何分期？各期的时间、实质、创始人和特点是什么？我国在微生物学发展史上占有什么地位？

答：微生物发展史分为史前期、初创期、奠基期、发展期和成熟期，各期的时间、实质、开创者和特点如表 1 所示。

表 1 微生物学发展史简表

分期	史前期	初创期	奠基期	发展期	成熟期
年代	约 8000 年前—1676	1676—1861	1861—1897	1897—1953	1953 至今
实质	朦胧阶段	形态描述阶段	生理水平研究阶段	生化水平阶段	分子生物学水平研究阶段

续表

分期	史前期	初创期	奠基期	发展期	成熟期
开创者	各国劳动人民，其中尤以我国的制曲、酿酒技术著称	列文虎克——微生物学的先驱者	①巴斯德——微生物学奠基人；②科赫——细菌学奠基人	Bucher——生物化学奠基人	Waston 和 Crick——分子生物学奠基人
特点	①未见细菌等微生物的个体；②凭实践经验利用微生物的有益活动（进行酿酒、发面、制酱、酿醋、沤肥、轮作、治病等）	①自制单式显微镜，观察到了细菌等微生物的个体；②出于个人爱好对一些微生物进行形态描述	①微生物开始建立；②创立了一整套独特的微生物学基本研究方法；③开始运用“实践—理论—实践”的思想方法开展研究；④建立了许多应用性分支学科；⑤进入寻找人类和动物病原菌的黄金时期	①对无细胞酵母菌“酒化酶”进行生化研究；②发现微生物的代谢统一性；③普通微生物学开始形成；④开展广泛寻找微生物的有益代谢产物；⑤青霉素的发现推动了微生物工业化培养技术的猛进	①广泛运用分子生物学理论和现代研究方法，深刻揭示微生物的各种生命活动规律；②以基因工程为主导，把传统的工业发酵提高到发酵工程新水平；③大量理论性、交叉性、应用性和实验性分支学科飞速发展；④微生物学的基础理论和独特实验技术推动了生命科学各领域飞速发展；⑤微生物基因组的研究促进了生物信息学和合成生物学的到来

引自：周德庆．微生物学教程．4 版．北京：高等教育出版社，2020.

我国在微生物学发展史上占有重要地位，我国很早就认识到了微生物的存在并在生产中加以应用，积累了丰富的经验，早在 4000—5000 年前就已能用谷物制酒。酿酒的复式发酵法是我国古代劳动人民的一大发明，我国驰名世界的黄酒（善酿等）和白酒（茅台等）均是在此基础上发展而来的。在认识病原和防治疾病方面，中国也先于西方各国。关于微生物与动植物病害的关系，我国也认识很早。

4. 如何理解微生物是既有利又有弊的一把“双刃剑”？

答：微生物给人类带来的利益不仅是享受，还涉及人类的生存问题，例如：面包、奶酪、啤酒、抗生素、疫苗、维生素、酶等重要产品的生产，另外在冶金、石油、能源、材料、信息等方面，微生物都起着不可代替的作用。微生物更是人类生存环境中必不可少的成员，有了它们才使得地球上的物质进行循环，否则地球上的所有生命将无法繁衍下去。此外，以基因工程为代表的现代生物技术的发展及其美妙前景也是微生物对人类的又一重大贡献。然而，微生物的“残忍性”给人类带来的灾难有时甚至是毁灭性的。比如鼠疫，艾滋病，还有一些已经被征服的传染病(如肺结核、疟疾、霍乱等)也有“卷土重来”之势；随着环境污染的日趋严重，一些以前从未见过的病原和疾病，如军团病、SARS等，又给人类带来了新的威胁。因此，正确地使用微生物这把“双刃剑”，造福于人类，是我们学习和应用微生物的目的，也是每一个微生物学工作者义不容辞的责任。

第一章　原核生物的形态、构造和功能

一、名词解释

1. Prokaryote：即原核生物，是指一大类细胞核无核膜包裹的，只存在核区(nuclear region)的裸露DNA的原始单细胞生物，根据外表特征可将原核生物分为6类：细菌、放线菌、蓝细菌、支原体、立克次体、衣原体。

2. Gram positive bacteria：革兰氏阳性细菌，可缩写为G^+，细菌经革兰氏染色后最终染成紫色的细菌。

3. Gram negative bacteria：革兰氏阴性细菌，可缩写为G^-，细菌经革兰氏染色后最终染成红色的细菌。

4. 周质空间：英文全称periplasmic space，又称壁膜空间，系指位于细胞壁与细胞膜之间的狭窄胶质间隙，G^+和G^-均有。

5. 抗酸细菌：抗酸细菌是一类细胞壁中含有大量分枝菌酸等蜡质的特殊G^+。因它们被酸性复红染上色后，就不能像其他G^+那样被盐酸乙醇脱色，故称抗酸细菌。

6. 古菌：古菌又称古细菌，是一类在进化途径上很早就与真细菌和真核生物相互独立的生物类群，主要包括一些独特生态类型的原核生物，如产甲烷菌及大多数嗜极菌。

7. 缺壁细胞：在自然界长期进化中，或在实验室菌种中自发突变，或通过人为措施创制的少数缺少细胞壁的细菌，如支原体、L型细菌、原生质体和球状体等。

8. L型细菌：L型细菌是缺壁细胞的一种。最早发现于李斯特(Lister)实验室，故得名。自发突变形成，对渗透压敏感，在固体培养基上形成“油煎蛋”样的小菌落。

9. 原生质体：原生质体是缺壁细胞的一种，人为去除细胞壁后形成的仅有一层细胞膜包裹的圆球状、对渗透压敏感的细胞，其只能在等渗或高渗培养液中保存或维持生长，如用溶菌酶除尽原有细菌细胞壁或用青霉素抑制细菌新生细胞壁的合成，或用纤维素酶、果胶酶处理植物细胞均可获得缺壁细胞。

10. 球状体：球状体是缺壁细胞的一种，指还残留了部分细胞壁的圆球形原生质体。

11. 间体：间体指由细胞膜内褶而形成的囊状构造，其内充满着层状或管状的泡囊。多见于G^+，每个细胞含一至数个间体。

12. 细胞包涵体：细胞包涵体指细胞质内一些显微镜下可见、形状较大的有机或无机的颗粒状构造，如细胞内贮藏物、磁小体、气泡等。

13. 糖被：糖被是指包被于某些细菌细胞壁外的一层厚度不定的透明胶状物质，如荚膜、微荚膜、黏液层、菌胶团等都是糖被。

14. 鞭毛：鞭毛是生长在某些细菌表面的长丝状、波曲的蛋白质附属物，细、长，有一至数十条，具有运动功能。

15. 趋性：生物体对其环境中的不同物理、化学或生物因子做有方向性的应答运动称为趋性。

16. 菌毛：菌毛是一种长在细菌体表，纤细、中空、短直、数量较多的蛋白质类附属物，具有使菌体附着于物体表面和向宿主细胞注入毒素等功能。多存在于 G^- 中。

17. 芽孢：芽孢是某些细菌在其生长发育的后期，在细胞内形成的一个圆形或椭圆形、厚壁、含水量低、抗逆性强的休眠构造。芽孢是机体为适应不良的环境而使原生质浓缩失水得到的产物，并非有性或无性繁殖体。

18. 孢囊：孢囊是一些固氮菌在外界缺乏营养条件下，由整个营养体细胞外壁加厚、失水而形成的一种抗干旱但不抗热的圆形休眠体，条件适宜时，可发芽并重新进行营养生长。

19. 裂殖：裂殖即分裂繁殖，指一个细胞通过分裂而形成两个子细胞的过程，是细菌繁殖的主要方式。

20. 芽殖：芽殖指在母细胞表面（尤其是在其一端）先形成一个小突起，待其长大到与母细胞相仿后再相互分离并独立生活的一种繁殖方式，少数细菌（芽生细菌）、酵母菌通过这种方式进行繁殖。

21. Parasporal crystal：伴胞晶体，又称 δ 内毒素，少数芽孢杆菌（如苏云金芽孢杆菌，简称 Bt）在形成芽孢的同时，会在芽孢旁形成一颗菱形、方形或不规则形的碱溶性蛋白质晶体，称为伴胞晶体。属于糖蛋白昆虫毒素。

22. 菌落：当单个微生物细胞或者一小堆同种细胞接种到固体培养基表面，当它占有一定的发展空间并处于适宜的培养条件下时，该细胞就会迅速生长繁殖并形成肉眼可见的细胞堆，此即为菌落。

23. 菌苔：菌苔是指细菌在固体培养基表面生长繁殖形式肉眼可见的多个菌落连成一片的群体。

24. Clone：克隆（名词），由同一细胞通过繁殖形成的纯种细胞群。

25. Cloning：克隆（动词），指从同一祖先产生同一 DNA（目的基因）分子群体或细胞群体的过程。或指将外源基因引入到宿主菌体内，并使其大量扩增的过程。

26. 放线菌：放线菌是一类主要呈丝状生长、以孢子繁殖的陆生性较强、革兰氏染色几乎都呈阳性、广泛分布于含水量较低和有机物较丰富的微碱性土壤中的原核生物。

27. 基内菌丝：当孢子落在固体基质表面并发芽后，就不断伸长、分枝并以放射状向基质表面和内层扩展，形成大量色浅、较细的具有吸收营养和排泄代谢废物功能的基内菌丝。

28. 气生菌丝：基内菌丝生长发育到一定阶段便向空间伸长，长出培养基外的菌丝即气生菌丝。在光学显微镜下观察其形态，比基内菌丝色深、较粗，叠生于基内菌丝上，以至覆盖整个菌落。气生菌丝发育到一定阶段，可分化为繁殖菌丝即孢子丝。

29. 孢子丝：气生菌丝体成熟后分化形成孢子丝。孢子丝通过横割分裂可产生成串的分生孢子。

30. 异形胞：异形胞是蓝细菌的细胞特殊形式之一。存在于丝状生长蓝细菌中，形大、壁厚、专司固氮功能的细胞，数目少而不定，位于细胞链的中间或末端。

31. 静息孢子：静息孢子是蓝细菌的细胞特殊形式之一。是一种长在蓝细菌细胞链中间或末端的形大、壁厚、色深的休眠细胞，富含贮藏物，能抵御干旱等不良环境。

32. 链丝段：链丝段是蓝细菌的细胞特殊形式之一。由长细胞链断裂而成的短链段，具有繁殖功能。

33. 内孢子：内孢子是蓝细菌的细胞特殊形式之一。少数种类在细胞内形成许多球形或三角形的内孢子，待成熟后即可释放，具有繁殖作用。

34. 赤潮：赤潮是海水因氮磷等元素污染发生富营养化，其中的某些浮游植物、原生动物或细菌爆发性增殖或高度聚集而引起水体变色的一种有害生态现象。赤潮并不一定都是红色。

35. 水华：水华是淡水水体因氮磷等元素污染发生富营养化，使其中的某些蓝藻过度生长而导致淡水水体生态恶化的现象。

二、填空题

1. 细菌，放线菌，蓝细菌，支原体，立克次体，衣原体
2. 球状，杆状，螺旋状
3. 球菌，杆菌，螺旋菌
4. 螺旋菌，弧菌，螺菌，螺旋体
5. 0.5 ~ 1，0.5 ~ 1，1 ~ 3
6. 2.0，0.5，2 或 2.0
7. 细胞壁，细胞膜，细胞质，核区
8. 鞭毛，菌毛，性菌毛，糖被，芽孢
9. 肽聚糖
10. 肽聚糖，磷壁酸
11. 肽聚糖，脂质
12. 肽，聚糖，四肽尾，肽桥，N-乙酰葡萄糖胺，N-乙酰胞壁酸
13. 阳性
14. 壁磷壁酸，膜磷壁酸
15. 阴性
16. 碘液，乙醇，丙酮，番红，紫，红
17. 红，紫
18. 荚膜，微荚膜，黏液层，菌胶团

19. 基体，钩形鞘，鞭毛丝
20. 孢囊
21. 基内菌丝，气生菌丝，孢子丝，基内菌丝，气生菌丝，孢子丝，分生孢子
22. 70*s*
23. 光能自养型
24. 蓝细菌
25. 先锋生物
26. 甾醇
27. 涂片，干燥，固定，染色，水洗，镜检，美蓝，结晶紫
28. 质粒

三、单项选择题

1. D	2. C	3. A	4. B	5. B	6. A	7. B	8. B	9. B	10. B
11. B	12. A	13. D	14. D	15. A	16. C	17. C	18. C	19. D	20. B
21. D	22. B	23. A	24. A	25. C	26. A	27. C	28. D	29. D	30. B
31. A	32. A	33. B	34. D	35. D	36. A	37. B	38. C	39. B	40. C
41. D	42. B	43. B							

四、判断题（答 A 表示说法正确，答 B 表示说法不正确，不正确的题目须指出错误并修改）

1. (A)

2. (B)解析：细菌有其坏处，但更有其益处，是生态系统的重要参与者，不可缺少。

3. (A)

4. (A)

5. (A)

6. (B)解析：如纳米比亚嗜硫珠菌 *Thiomargarita namibiensis*，球菌，直径 400 ~ 750μm，人眼分辨率约为 200μm，这种细菌人眼应该是可见的。

7. (B)解析：唾液链球菌和金黄色葡萄球菌即使是多个个体串联在一起的，但仍属于单细胞生物。

8. (B)解析：革兰氏染色法应该是死菌染色的一种方法。吉姆萨染色也是死菌染色法的一种。亚甲蓝或 TTC 可用于活菌染色。

9. (A)

10. (A)

11. (B)解析：G^+ 无 *O*－特异侧链，*O*－特异侧链决定 G^- 细胞壁抗原特异性。

12. (B)解析：还可以制作超薄切片，用电子显微镜观察。

13. (B)解析：溶菌酶能破坏肽聚糖。

14. (B)解析：大肠杆菌都属于 G^-。

15. (B)解析：因为 G^- 细胞壁外层具有脂多糖，而脂多糖能阻拦溶菌酶、青霉素、去污剂和若干染料等大分子进入细胞，因此，G^- 比 G^+ 更能抵抗毒物和抗生素的毒害。

16. (A)

17. (A)

18. (B)解析：芽孢不具有繁殖功能，芽孢是细菌度过不良环境的一种休眠体。

19. (A)

20. (B)解析：能产芽孢的细菌种类较少，主要有芽孢杆菌属和梭菌属。

21. (B)解析：芽孢能抗热，孢囊抗旱，但不抗热。

22. (B)解析：有芽孢的细菌往往菌落粗糙、干燥、不透明且表面多褶。

23. (B)解析：前芽孢形成在前，芽孢衣形成在后。

24. (A)

25. (A)

26. (B)解析：应为中性或中性偏碱。

27. (A)

28. (B)解析：应将气生菌丝改为基内菌丝。

29. (A)

30. (B)解析：正因为放线菌孢子丝具有多样性，才可作为分类鉴定的形态学指标之一。

31. (B)解析：进行液体培养时，各菌丝片段也具有繁殖功能。

32. (B)解析：放线菌通过分生孢子、具有繁殖功能的菌丝片段繁殖。

33. (A)

34. (B)解析：放线菌表面紧密，霉菌菌落疏松。

35. (A)

36. (A)

37. (B)解析：立克次体细胞较大，不可通过 0.22μm 的细菌滤器。

38. (B)解析：专性寄生指寄生物一旦离开宿主生物就不能继续生存的现象，因此只能寄生于活体生物。

39. (B)解析：刚好相反。

40. (A)

41. (A)

42. (A)

43. (B)解析：绝大多数原核生物都是异养生物，可以进行有氧呼吸。

44. (A)

五、问答题

1. 原核生物主要包含哪几类？与真核微生物相比其细胞结构最主要的特点是什么？

答：原核生物主要包含 6 类：细菌、放线菌、蓝细菌、立克次体、支原体和衣原体。

原核生物与真核微生物相比，其细胞结构最主要的特点是：细胞核为裸露的核区，没有核膜包被，更没有核仁等结构。

2. 请简要说明细菌的一般特征。

答：细菌的一般特征包括：单细胞，属于原核生物的一种；细胞细短，直径约0.5μm，长度约0.5～5μm；结构简单；细胞壁坚韧；多以二分裂方式进行繁殖；水生性较强。

3. 请简要说明细菌对人类的害处和益处。

答：害处：少数细菌属于病原菌，给人类健康带来威胁和危害；细菌几乎无处不在，往往导致食物、工农业产品腐烂变质；某些细菌可导致农作物病虫害，危害粮食生产。

益处：细菌被广泛应用于工、农、医、药、环境保护等生产实践中，产生了巨大的经济效益、社会效益和生态效益。例如，在工业上，各种氨基酸、核苷酸、酶制剂、丙酮、丁醇、有机酸、抗生素等重要产品都是通过细菌发酵所生产的。在农业上，杀虫菌剂、细菌肥料、沼气发酵、污水处理、饲料的青贮加工；在医药上，各种菌苗、类毒素、代血浆、微生态制剂、医用酶类等；在冶金领域，细菌浸矿、探矿、金属富集；石油开采中钻井液添加剂的生产，等等，均是利用细菌得以实现的。此外，细菌还是科研中的重要材料，如大肠杆菌就是模式生物中的“生物界超级明星”。

4. 请简述细菌细胞壁的主要功能。

答：固定细胞外形和提高细胞机械强度，使细菌细胞免受渗透压等外力损伤；是细菌细胞生长、分裂和鞭毛运动所必须的；阻拦大分子有害物质(如某些抗生素和水解酶)进入细胞；赋予细菌特定的抗原性以及对抗生素和噬菌体的敏感性。

5. G^+和G^-细胞壁组成上有哪些区别?

答：G^+：细胞壁厚20～80nm，仅1层(只有肽聚糖层)；化学组分简单，主要成分是肽聚糖(60%～95%)和磷壁酸(10%～30%)。

G^-：细胞壁薄，有2层，成分较复杂。内层很薄，仅2～3nm，机械强度弱于G^+，主要成分是肽聚糖；外层厚8～10nm，主要成分是脂多糖、磷脂和多重外膜蛋白，两层均无磷壁酸。

6. 请简述溶菌酶杀灭G^+的原理。

答：这是由G^+细胞壁的结构特点和溶菌酶的作用特性共同决定的。G^+具有比较厚的肽聚糖层，而肽聚糖层主要由肽聚糖组成，肽聚糖又由肽和聚糖组成，其中的聚糖由N－乙酰葡糖胺和N－乙酰胞壁酸通过β－1，4－糖苷键连接而成，而溶菌酶可以水解β－1，4－糖苷键，导致肽聚糖骨架“散架”，进而导致G^+细胞壁破损而死亡。

7. 请简要说明脂多糖的主要功能。

答：脂多糖(LPS)是G^-细胞壁的组分之一，其功能主要有5点：LPS中的类脂A是G^-致病物质——内毒素的物质基础；LPS负电荷较强，可吸附Mg^{2+}、Ca^{2+}等二价阳离子以提高其在细胞表面的浓度，对细胞膜结构起稳定作用；LPS结构多变，使G^-细胞表面抗原决定簇呈现多样性，是许多噬菌体在细胞表面的吸附受体；具有某种选择性吸收功能，可控制某些物质进出细胞，从而表现出选择性屏障功能，使得 G^- 比 G^+ 更能抵抗毒物和抗生素的毒害。

8. 请比较 L 型细菌和支原体的异同。

答：相同点：L 型细菌和支原体均属于缺壁细胞，细胞呈多形态，大多数能通过细菌滤器，菌落微小，在固体培养基上呈“油煎蛋”状。

不同点：L 型细菌是细菌在某些环境条件下自发突变所形成的缺壁变异株，有的还能回复突变形成细胞壁。支原体是一类经长期自然进化而形成的物种，一般不会回复突变产生细胞壁。

9. 何谓缺壁细胞？如何获取壁细胞？

答：缺壁细胞是缺少细胞壁的细胞。可由 3 种途径形成缺壁细胞：①在自然界长期进化中形成，如支原体；②在实验室菌种中自发突变形成，如 L 型细菌；③通过人为措施抑制新生细胞壁的合成或对现成细胞壁进行酶解而获得人工缺壁细胞，如可利用溶菌酶或青霉素处理 G^+ 细胞获取缺壁的 G^+ 细胞，用几丁质酶、蜗牛消化酶处理酵母细胞可获取酵母缺壁细胞，通过纤维素酶和果胶酶处理植物细胞可获取植物缺壁细胞。

10. 什么是菌落？试讨论微生物的细胞形态与菌落形态之间的相关性。

答：菌落指在固体培养基上(内)以母细胞为中心形成的一堆肉眼可见的、有一定形态、构造等特征的子细胞集团。微生物的细胞形态与菌落形态有一定的相关性，例如，有荚膜的细菌菌落颜色透明、呈蛋清状；有芽孢的细菌菌落外观粗糙、干燥，颜色不透明等。

六、综述题

1. 请简述四类缺壁细菌的形成、特点及实践意义。

答：缺壁细胞共有四类：①L 型细菌，指细菌在特定条件下，由基因自发突变而形成的的遗传性稳定的细胞壁缺陷菌株，多形态，有的可通过细菌滤器而称过滤形细菌，在固体培养基上形成“油煎蛋”样的小菌落。②支原体，支原体是在长期进化过程中形成的、适应自然生活条件的无细胞壁的原核生物。因它的细胞膜中含有一般原核生物所没有的甾醇，所以即使缺乏细胞壁，其细胞膜仍有较高的机械强度。③原生质体，是指在人为条件下，用溶菌酶除尽应有的细胞壁或用青霉素抑制新合成的细胞壁后，所得到的仅有一层细胞膜裹着的圆球状渗透敏感细胞。G^+ 最易形成原生质体。④球状体，又称原生质球，指还残留了部分细胞壁(尤其是 G^- 外膜层)的圆球形原生质体。

上述原生质体的球状体的共同特点是：无完整的细胞壁，细胞呈球状，对渗透压极其敏感，即使有鞭毛也无法运动，对相应噬菌体不敏感，细胞不能分裂，等等。当然，如在形成原生质体或球状体以前已有噬菌体浸入，它仍能正常复制、增殖和分裂；同样，如在形成原生质体以前正在形成芽孢，则该芽孢仍能正常形成。

原生质体或球状体比正常有细胞壁的细菌更容易导入外源遗传物质，因此是研究遗传规律，进行原生质体育种(转基因或原生质体杂交)的良好实验材料。

2. 试述革兰氏染色的步骤及机制。

答：革兰氏染色的大致步骤：制片—结晶紫初染—碘液媒染—95%乙醇或丙酮脱色—沙黄(或碱性番红)复染。

革兰氏染色的结果主要因细菌细胞壁的构造和化学组分的不同而异。经结晶紫初染和碘液媒染后，在细菌细胞壁内可形成不溶于水的结晶紫与碘的复合物。G^+由于其细胞壁较厚，肽聚糖网层次多和交联致密，故遇脱色剂处理时，肽聚糖层因失水而使得网孔缩小，再加上它不含类脂，故乙醇的处理不会溶出缝隙，因此能把结晶紫与碘的复合物牢牢留在壁内，使其保持紫色。反之，G^-因其细胞壁较薄，外膜层类脂含量高，肽聚糖层薄和交联度差，遇脱色剂乙醇后，以类脂为主的外膜迅速溶解，这时薄而松散的肽聚糖网不能阻挡结晶紫与碘的复合物的溶出，因此细胞褪成无色。这时，再经沙黄(或碱性番红)等红色燃料复染，就使G^-呈现红色，而G^+则保持最初的紫色。

3. 请简述糖被的主要生理功能及其与人类的关系。

答：①保护作用，其上大量极性基团可保护菌体免受干燥损伤或白细胞的吞噬；②贮藏养料，当外环境缺乏营养时重新利用；③作为透性屏障和离子交换系统，以保护细菌免受重金属离子的毒害；④表面附着作用；⑤细菌间的信息识别作用；⑥堆积代谢废物。

与人类的关系：有的可用于制备代血浆或葡萄糖凝胶试剂，有的可提取胞外多糖用于石油开采钻井液添加剂或印染、食品等工业。有害：污染糖厂的糖液或牛奶，酒类，面包等饮料和食品；有的会引起龋齿。

4. 龋齿的形成与某些产荚膜细菌有关吗？请解释。

答：有关。例如唾液链球菌、变异链球菌、表兄链球菌分泌一种己糖基转移酶，使蔗糖变为果聚糖，菌体借此附着于齿表；这时细菌发酵糖类所产生的乳酸在局部积累，腐蚀齿表珐琅质层，从而引起龋齿。

5. 请简述芽孢的特性。

答：①高度耐热、耐旱；对辐射、化学药物和静水压等因子也有很大的耐受力；②休眠能力惊人，在普通条件下可保存几年、几十年甚至更长时间而不死亡；③能产芽孢的细菌种类较少，主要是属于G^+的2个属：芽孢杆菌属和梭菌属；④芽孢是休眠体而非繁殖体。

6. 请举例说明放线菌与人类的密切关系。

答：(1)产抗生素：放线菌的突出特征之一是能产生种类繁多的抗生素，已广泛用于医药、工业、农业、食品加工以及生物学基础理论研究等众多领域。

(2)产多种酶：例如葡萄糖异构酶、蛋白酶等，已用于工业生产酶制剂。

(3)产维生素：小单孢菌属。

(4)固氮：如弗兰克菌属。

(5)物质循环：对纤维素、石醋、琼脂、角蛋白以及橡胶等具很强的分解能力。

(6)有害的一面：有些寄生型放线菌能引起人、动物和植物的疾病。

第二章　真核微生物的形态、构造和功能

一、名词解释

1. 假根：根霉属等低等真菌匍匐丝与固体基质接触处分化出的根状结构，具有固着和吸取养料的功能。

2. 假菌丝：酵母菌芽殖后，长大的子细胞与母细胞不立即分离，其间仅以狭小的面积相连，形成藕节状的细胞串就称为假菌丝。

3. 真菌丝：子细胞与母细胞相连，其间的横隔面积与细胞直径一致，这种竹节状细胞串就称为真菌丝。

4. 子囊果：在子囊菌中，能产出有性孢子的、结构复杂的子实体，称为子囊果。

5. 生活史：生活史也称生命周期，指上一代生物经一系列生长、发育阶段而产生下一代个体的全部过程。

6. 气生菌丝体：伸展到空间的菌丝体，成熟后可分化成各种形式的产孢子构造。

7. 营养菌丝体：密布在固体营养基质内部，主要执行吸取营养物质功能的菌丝体。

8. 锁状联合：特指蕈菌次生菌丝的菌丝尖端生长方式，即形成喙状突起而连合两个细胞的方式，不断使双核细胞分裂，从而使菌丝尖端不断向前延伸。

9. 膜边体：膜边体又称须边体或质膜外泡，是许多真菌所特有的。它是一种位于菌丝细胞四周的质膜与细胞壁间由单层膜包裹的细胞器。

10. 溶酶体：由单层膜包裹内含多种酸性水解酶的小球形、囊泡状细胞器，主要功能是细胞内消化作用，消化自身死亡的蛋白质和外来异物。

11. 微体：微体是一种由单层膜包裹的与溶酶体相似的小球形细胞器，其内主要含过氧化酶和过氧化氢酶(又称过氧化物酶体)，可使细胞免受 H_2O_2 毒害，并能氧化分解脂肪酸等。

12. 几丁质酶体：几丁质酶体又称壳体，是一种活跃于各种真菌菌丝体顶端细胞中的微小泡囊，内含几丁质合成酶，通过将内含酶运送到菌丝尖端细胞壁表面，合成几丁质微纤维，保证菌丝不断延伸。

13. 单细胞蛋白：单细胞蛋白也叫微生物蛋白，它是用许多工农业废料及石油废料人工培养的微生物菌体。因而，单细胞蛋白不是一种纯蛋白质，而是由蛋白质、脂肪、碳水化合物、核酸及不是蛋白质的含氮化合物、维生素和无机化合物等混合物组成的细胞质团。

14. 菌环：捕虫菌目和一些半知菌类真菌产生的特化菌丝，形如环状，其功能是捕捉线虫，吸取营养。

15. 子实体：由气生菌丝特化形成，是指在其里面或上面可产出无性或有性孢子，有一定形状和构造的任何菌丝体组织。

16. 蕈菌：蕈菌又称伞菌，通常指那些能形成大型肉质子实体的真菌。

17. 菌丝体：真菌的分枝菌丝相互交织而成的菌丝集团称为菌丝体。

18. 基内菌丝：基内菌丝又名营养菌丝，匍匐生长于培养基内或向四周表面伸展。主要生理功能是吸收营养和排泄废物。

19. 菌索：菌索一般由伞菌等产生，为白色根状菌丝组织，功能为促进菌体蔓延和抵御不良环境。通常可在腐朽的树皮下或地下发现。

20. 菌网：捕虫菌目和一些半知菌的菌丝常会分化成圈环或网状的特化菌丝组织，以捕捉线虫或其他微小动物，然后进一步从这类环或网上生出菌丝侵入线虫等体内，吸收养料。

二、填空题

1. 裂殖，芽殖，无性孢子繁殖，菌丝体断裂
2. 裂殖，芽殖
3. 卵孢子，接合孢子，子囊孢子，担孢子，游动孢子，分生孢子，节孢子，掷孢子，厚垣孢子
4. 假根，匍匐丝，无隔，顶囊，足细胞，有隔，分生孢子梗
5. 曲霉(或青霉)，分生孢子头，根霉(或毛霉)，孢子囊
6. 孢子，菌丝片段
7. 闭囊果，子囊壳，子囊盘
8. 子囊孢子
9. 二倍体，单倍体，二倍体，单倍体
10. 顶端，亚顶端，成熟区，隔膜区
11. 耐热，分生孢子数量大
12. 卵孢子，接合孢子，子囊孢子
13. 酵母菌，霉菌，蕈菌
14. 质膜，细胞壁，单层膜
15. 吸器，假根
16. 假根，匍匐菌丝，吸器
17. 多糖，蛋白质，脂质
18. 纤维素，多糖，几丁质
19. 80s，70s
20. 叶绿体膜，类囊体，基质
21. 甘露聚糖，葡聚糖，蛋白质
22. 无隔菌丝，有隔菌丝
23. 营养菌丝体，气生菌丝体
24. 菌丝球
25. 小，轻，干，多，休眠期长，有较强的抗逆性
26. 形态较大，质地疏松，外观干燥，不透明

三、单项选择题

1. B　2. C　3. D　4. C　5. B　6. B　7. B　8. D　9. B　10. C
11. C　12. B　13. B　14. B　15. A　16. C　17. C　18. B　19. D　20. C
21. A　22. A　23. D　24. C　25. A　26. A　27. A　28. A　29. A　30. B
31. A　32. A　33. A　34. B　35. B　36. D

四、判断题（答 A 表示说法正确，答 B 表示说法不正确，不正确的题目须指出错误并修改）

1. (A)

2. (B)解析：担孢子是双核菌丝形成的。

3. (B)

4. (A)

5. (A)

6. (B)解析：孢囊孢子是接合菌亚门无性生殖产生的孢子，接合菌无性生殖所产生的孢子生在孢子囊内，孢子囊一般生于营养菌丝或孢囊梗的顶端。子囊菌亚门产生的有性孢子为子囊孢子。

7. (B)解析：担孢子是大型子实体真菌——担子菌（蘑菇、木耳等）产生的有性孢子，它是一种外生孢子，经过两性细胞质配、核配后产生。因为它着生于担子上，故称担孢子。霉菌常见的有性孢子有卵孢子、接合孢子和子囊孢子。

8. (A)

9. (B)解析：70*s* 核糖体并不只存在于原核生物细胞内。真核生物的线粒体、叶绿体和细胞核也有各自的核糖体，它们的沉降系数均为 70*s*。

10. (B)解析：霉菌的假根是根霉属霉菌的菌丝与营养基质接触处分化出的根状结构，有固着和吸收养料的功能。

11. (B)解析：酵母菌也可以通过裂殖和产生无性孢子进行无性生殖。

12. (A)

13. (A)

14. (B)解析：酵母菌是真核微生物。

15. (B)解析：蘑菇、霉菌和酵母菌是真核微生物。

16. (B)解析：一般来说，真菌更适应偏酸性环境。

17. (A)

18. (A)

19. (B)解析：真菌菌丝在液体培养基内容易形成菌丝球。

20. (A)

21. (A)

22. (A)

23. (A)

24. (A)

五、简答题

1. 真菌的无性孢子和有性孢子分别有那些类型？请列表说明。

答：真菌的繁殖能力极强，主要通过产生大量的无性孢子或有性孢子来完成。真菌孢子的特点是小、轻、干、多，以及形态色泽各异，休眠期长和有较强的抗逆性。孢子的形态有球形、卵形、椭圆形、肾形、线形、礼帽形、土星形、针形和镰刀形等。每个个体产生的孢子数极多，从数百个至数千亿个都有。孢子的这些特点，都有助于它们在自然界中散播和生存。但对人类来说，既有造成杂菌污染，工农业产品霉变和传播动、植物病害等的不利影响，也有利于接种、扩大培养，以及菌种的选育、鉴定和保藏等的有利影响。现将真菌孢子的类型和特点列在表 2－1 中。

表 2－1　真菌孢子的类型、主要特点和代表种属

孢子名称		染色体倍数*	外形	数量	外或内生	其他特点	实例
无性孢子	游动孢子	n	圆形、梨形、肾形	多	内	有鞭毛，能游动	壶菌
	孢囊孢子	n	近圆形	多	内	水生型有鞭毛	根霉，毛霉
	分生孢子	n	极多样	极多	外	少数为多细胞	曲霉，青霉
	节孢子	n	柱形	多	外	各孢子同时形成	白地霉
	厚垣孢子	n	近圆形	少	外	在菌丝顶或中间形成	总状毛霉
	芽孢子	n	近圆形	较多	外	在酵母细胞上出芽形成	假丝酵母
	掷孢子	n	镰状、豆状、肾形	少	外	成熟时从母细胞射出	掷孢酵母
有性孢子	卵孢子	2n	近圆形	1 至几	内	厚壁，休眠	德氏腐霉
	接合孢子	2n	近圆形	1	内**	厚壁，休眠，大，深色	根霉，毛霉
	子囊孢子	n	多样	一般 8	内	长在各种子囊内	脉孢菌，红曲
	担孢子	n	近圆形	一般 4	外	长在特有的担子上	蘑菇，香菇

注：n 为单倍体，2n 为二倍体

＊＊：根据近代超微结构的研究，发现接合孢子是在接合孢子囊中形成的，应属内生孢子

引自：周德庆．微生物学教程．4 版．北京：高等教育出版社，2020.

2. 简述酵母菌的有性生殖，举例说明存在有性生殖的酵母菌生活史的三个类型。

答：酵母菌是以形成子囊和子囊孢子的方式进行有性生殖的。它们一般通过邻近的两个形态相同而性别不同的细胞各自伸出一根管状的原生质突起相互接触、局部融合并形成一条通道，再通过质配、核配和减数分裂形成 4 或 8 个子核，然后它们各自与周围的原生质结合在一起，再在其表面形成一层孢子壁，这样，一个个子囊孢子就成熟了，而原有的营养细胞则成了子囊。存在有性生殖的不同酵母菌的生活史可分为以下 3 类：

(1) 营养体既能以单倍体也能以二倍体形式存在，如酿酒酵母。

(2) 营养体只能以单倍体形式存在，如八孢裂殖酵母。

(3)营养体只能以二倍体形式存在，如路德类酵母。

3. 简述根霉与毛霉的异同。

答：根霉与毛霉同属于毛霉目，菌丝无隔膜，多核，无性生殖产生不能游动的孢囊孢子，而有性生殖产生接合孢子。主要区别在于，根霉在培养基或自然基物上生长时，由营养菌丝体产生弧形匍匐向四周蔓延，并由匍匐菌丝生出假根与基物接触，而毛霉无假根，其菌丝体呈棉絮状，在基物上或基物内能广泛蔓延。

4. 简单介绍真菌的主要类群及特点。

答：真菌是真核微生物菌物界中的一类重要微生物，主要包括单细胞真菌如酵母菌，丝状真菌如霉菌和大型子实体真菌如蕈菌三类。它的特点是：

(1)无叶绿素不能进行光合作用。

(2)一般具有发达的菌丝体。

(3)细胞多数含几丁质。

(4)营养方式为异养吸收型。

(5)以产生大量无性孢子和有性孢子的方式进行繁殖。

(6)陆生性强。

5. 请简述酵母菌的定义及其特点。

答：酵母菌一般泛指能发酵糖类的各种单细胞真菌，主要特点为：

(1)个体一般以单细胞非菌丝状态存在，多数营出芽繁殖。

(2)兼性厌氧能发酵糖类产能。

(3)细胞壁常含甘露聚糖。

(4)常生活在含糖量高、酸度较大的水生环境中。

六、综述题

1. 请列表说明细菌、酵母菌、放线菌和霉菌的细胞的菌落特征。

答：细菌和放线菌是原核微生物，酵母菌和霉菌是真核微生物；细菌和酵母菌是单细胞生物，放线菌和霉菌是菌丝体微生物。而菌落是指在固体培养基上，由一个细菌或孢子生长、繁殖形成的肉眼可见的群体，现将详细特征列在表 2－2 中。

表 2－2　四大类微生物的细胞形态和菌落特征的比较

菌落特征			单细胞微生物		菌丝状微生物	
			细菌	酵母菌	放线菌	霉菌
主要特征	菌落	含水状态	很湿或较湿	较湿	干燥或较干燥	干燥
		外观形状	小而凸起或大而平坦	大而凸起	小而紧密	大而疏松或大而致密
	细胞	相互关系	单个分散或有一定排列方式	单个分散或假丝状	丝状交织	丝状交织
		形态特征	小而均匀*，个别有芽孢	大而分化*	细而均匀*	粗而分化*

续表

菌落特征			单细胞微生物		菌丝状微生物	
			细菌	酵母菌	放线菌	霉菌
参考特征		菌落透明度	透明或稍透明	稍透明	不透明	不透明
		菌落与培养基结合程度	不结合	不结合	牢固结合	较牢固结合
		菌落颜色	多样	单调，一般呈乳脂或矿烛色，少数呈红色或黑色	十分多样	十分多样
		菌落正反面颜色的差别	相同	相同	一般不同	一般不同
		菌落边缘**	一般看不到细胞	可见球状、卵圆状呈假丝状细胞	有时可见细丝状细胞	可见粗丝状细胞
		细胞生长速度	一般很快	较快	慢	一般较快
		气味	一般有臭味	多带酒香味	常有泥腥味	往往有霉味

注：均匀*：指在高倍镜下看到的细胞只是均匀一团；分化*：指可看到细胞内部的一些模糊结构

**：用低倍镜观察

引自：周德庆．微生物学教程．4版．北京：高等教育出版社，2020.

2. 试从细胞核、细胞膜、核糖体、细胞大小、细胞壁、繁殖方式、分裂方式等方面分析原核微生物和真核微生物的主要区别，并列表说明。

答：真菌、显微藻类和原生动物都属于真核生物类的微生物，故称为真核微生物。真核细胞与原核细胞相比，形态更大，结构更为复杂，细胞器的功能更为专一。现将原核微生物和真核微生物的主要区别列在表2－3中。

表2－3　原核微生物和真核微生物的主要区别

	原核微生物	真核微生物
细胞核	无，DNA＋非组蛋白→染色体	有，有核膜，DNA＋组蛋白→染色体
细胞膜	连接不断，内陷形成简体	细胞内有各种具单位膜的细胞器
核糖体	70*s*	80*s*
细胞大小	1～10μm	10～100μm
细胞壁	肽聚糖	几丁质、多聚糖或寡糖
繁殖方式	无性繁殖	无性繁殖、有性繁殖
分裂方式	二等分裂	有丝分裂、减数分裂

3. 结合微生物实验，简述细菌、放线菌及霉菌常采用何种方法制片观察，并简述原因。

答：细菌、放线菌及霉菌常根据其形态采用不同的制片方法观察。

(1)细菌：涂片法，由于细菌是单细胞的，其基本形态是球状、杆状、螺旋状，制片观察细菌时应尽可能地涂布使菌体分散，以观察细菌的个体形态。

(2)放线菌：插片法/印片法，由于放线菌呈菌丝状，其菌丝根据功能可分为基质菌丝、气生菌丝、孢子丝，采用常规的制片方法可能观察到基质菌丝和气生菌丝，但要观察孢子丝的完整形态则不能破坏孢子丝的完整性，所以采用插片法/印片法则可以把孢子丝较完整地印下来。

(3)霉菌：培养小室法/水浸片，霉菌呈菌丝状，是真核微生物，菌丝直径较粗，从个体上要比原核微生物大一个数量级，所以不必采用很复杂的染色程序，仅用蒸馏水或美兰染料等即可在高倍镜下清楚地看到霉菌菌丝的形态；同时由于其呈菌丝状，为了观察孢子丝的完整形态则不能破坏孢子丝的完整，可以采用培养小室法/水浸片把孢子丝较完整地保存下来。

4. 为何现代学术界总是把蕈菌作为微生物学的研究对象，而不是植物学的研究对象?

答：蕈菌又称伞菌，也是一个通俗名称，通常是指那些能形成大型肉质子实体的真菌，包括大多数担子菌类和极少数子囊菌类。从外表来看，蕈菌不像微生物，因此过去一直是植物学的研究对象，但从其进化史、细胞构造、早期发育特点、各种生物学特性和研究方法等多方面来考察，都可以证明它们与其他典型的微生物——显微真菌完全一致。事实上，若将其大型子实体理解为一般真菌菌落在陆生条件下的特化与高度发展形式，则蕈菌就与其他真菌无异了。

5. 请列表比较细菌、放线菌、酵母菌和霉菌细胞壁成分及原生质体制备方法的异同。

答：细菌和放线菌是原核微生物，酵母菌和霉菌是真核微生物；细菌和酵母菌是单细胞生物，放线菌和霉菌是菌丝体微生物。其细胞壁成分并不相同，相应的原生质体制备也根据它们各自细胞壁成分的不同而存在差异。现将主要区别列在表 2－4 中。

表 2－4　细菌、放线菌、酵母菌、霉菌细胞壁成分及原生质体制备方法异同

	细胞壁成分	原生质体制备方法
细菌	G^+肽聚糖含量高，G^-肽聚糖含量低；G^+磷壁酸含量较高，而G^-不含磷壁酸；G^+类脂质一般无，而G^-含量较高；G^+不含蛋白质，G^-蛋白质含量较高	G^+原生质体可用青霉素、溶菌酶处理获得，G^-原生质体可用 EDTA 螯合剂处理获得
放线菌	其细胞壁肽聚糖含量低，不含磷壁酸，脂质含量较高，蛋白质含量较高	放线菌原生质体可用青霉素、溶菌酶处理获得
酵母菌	其细胞壁外层为甘露聚糖，内层为葡聚糖，中间为蛋白质	酵母菌原生质体可用蜗牛消化酶处理获得
霉菌	其细胞壁成分为几丁质、蛋白质和葡聚糖	霉菌原生质体可用纤维素酶处理获得

6. 简述酵母菌与人类的关系。

答：酵母菌与人类关系密切。

(1)它是人类的“第一种家养微生物”。千百年来，人类几乎离不开酵母菌，例如酒类的生产，面包的制作，乙醇和甘油发酵，石油及油品的脱蜡，饲用、药用和食用单细胞蛋白的生产，从菌体中提取核酸、麦角甾醇、辅酶 A、细胞色素、凝血质和维生素等生化药物和试剂，制成的酵母膏用作培养基等原料。

(2)近年来在基因工程中酵母菌还以最好的真核微生物模式而被用作表达外源蛋白功能的优良“工程菌”。

(3)只有少数酵母菌才能引起人或一些动物的疾病，例如 *Candida albicans*（白假丝酵母，旧称“白色念珠菌”）和 *Cryptococcus neoformans*（新型隐球菌）等一些条件致病菌可引起鹅口疮、阴道炎、肺炎或脑膜炎等疾病。

7. 简述霉菌与人类的关系。

答：霉菌分布极其广泛，在自然界中扮演着最重要的有机物分解者的角色，能够把其他生物难以分解利用的数量巨大的复杂有机物如纤维素和木质素等彻底分解转化，成为绿色植物可以重新利用的养料，促进了整个地球上生物圈的繁荣发展。

(1)工业上的柠檬酸、葡萄糖酸、L－乳酸等有机酸，淀粉酶、蛋白酶等酶制剂，青霉素、头孢霉素、灰黄霉素等抗生素，核黄素等维生素，麦角碱等生物碱，真菌多糖、Y－亚麻酸或亦霉素等产物的发酵生产；利用犁头霉等对甾体化合物的生物转化以生产甾体激素类药物；利用霉菌在生物防治、污水处理和生物测定等方面的应用等。

(2)在食品制造方面，如酱油、豆豉、腐乳的酿造和干酪的制造等。

(3)在基础理论研究方面，霉菌是良好的实验材料，如粗糙脉孢菌和构巢曲霉在微生物遗传学研究中的应用等。

(4)大量真菌可引起工农业产品霉变，如食品、纺织品、皮革、木材、纸张、光学仪器、电工器材和照相材料等。

(5)植物最主要的病原菌，可引起各种植物的传染性病害，最严重影响作物产量的如马铃薯晚疫病(曾引起 19 世纪中叶爱尔兰的“马铃薯大饥荒”)、稻瘟病、玉米黑粉病、大豆锈病和小麦杆锈病等。

(6)引起动物和人体传染病，如各种指(趾)甲和皮肤癣症等，根据 2007 年的报道，以头皮上脂肪为营养的 *Malassezia globosa*(球状鳞斑霉)是造成人类头皮屑症的病原体，另有少部分霉菌可产生毒性很强的真菌毒素，如黄曲霉毒素等。

8. 什么是单细胞蛋白？为什么酵母菌是一种优良的单细胞蛋白？

答：单细胞蛋白也叫微生物蛋白，是用许多工农业废料及石油废料人工培养的微生物菌体。因而单细胞蛋白不是一种纯蛋白质，而是由蛋白质、脂肪、碳水化合物、核酸及不是蛋白质的含氮化合物、维生素和无机化合物等混合物组成的细胞质团。按生产原料不同，可以分为石油蛋白、甲醇蛋白、甲烷蛋白等；按产生菌的种类不同，又可以分为细菌蛋白、真菌蛋白等。酵母菌的维生素、蛋白质含量高，个体一般以单细胞状态存在，能发酵糖产生能量，常生活在含糖量较高，酸度较大的水生环境中，不仅易于培养，且营养丰富，是单细胞蛋白的重要来源。

9. 简述 *Sacharomyces Cerevisiae* 的生活史，并说明其各个阶段的特点。

答：*Sacharomyces Cerevisiae* 为酿酒酵母，因其二倍体营养细胞体积大、生活力强，故可广泛应用于工业生产、科学研究或遗传工程实践中，其生活史分为以下几方面。

(1)子囊孢子在合适的条件下发芽产生单倍体营养细胞。

(2)单倍体营养细胞不断地进行出芽繁殖。

(3)两个性别不同的营养细胞彼此接合，在质配后即发生核配，形成二倍体营养细胞。

(4)二倍体营养细胞不进行核分裂，而是不断进行出芽繁殖。

(5)在以乙酸盐作为唯一或主要碳源的同时又缺乏氮源等特定条件下，二倍体营养细胞最易转变为子囊，这时细胞核才进行减数分裂，并随即形成 4 个子囊孢子。

(6)子囊经自然或人工破壁后，可释放出其中的子囊孢子。

作为营养体既能以单倍体也能以二倍体形式存在的代表，其特点为：

(1)一般情况下都以营养体状态进行出芽繁殖。

(2)营养体既能以单倍体形式存在，也能以二倍体形式存在。

(3)在特定的条件下才进行有性繁殖。

10. 请简述蕈菌锁状联合的概念，并用图表示锁状联合过程。

答：锁状联合是担子菌亚门的次生菌丝的菌丝尖端的生长方式，即形成喙状突起而连合两个细胞的方式不断使双核细胞分裂，从而使菌丝尖端不断向前延伸。其过程如图 2－1 所示。

(1)双核菌丝的顶端细胞开始分裂时，在其两个细胞核间的菌丝壁向外侧生一喙状突起，并逐步伸长和向下弯曲。

(2)两核之一进入突起中。

(3)两核同时进行一次有丝分裂，产生 4 个子核。

(4)来自突起中的两核，一个仍留在突起中，另一个则进入菌丝尖端。

(5)在喙状突起的后部与菌丝细胞交界处形成一横隔，在第二、三核间也形成一横隔，于是形成了 3 个细胞，一个位于菌丝顶端的双核细胞、接着它的另一个单核细胞和由喙状突起形成的第三个单核细胞。

(6)喙状突起细胞的前端与另一单核细胞接触，发生融合，接着喙状突起细胞内的一个单核顺道进入，在菌丝上形成一个双核细胞。

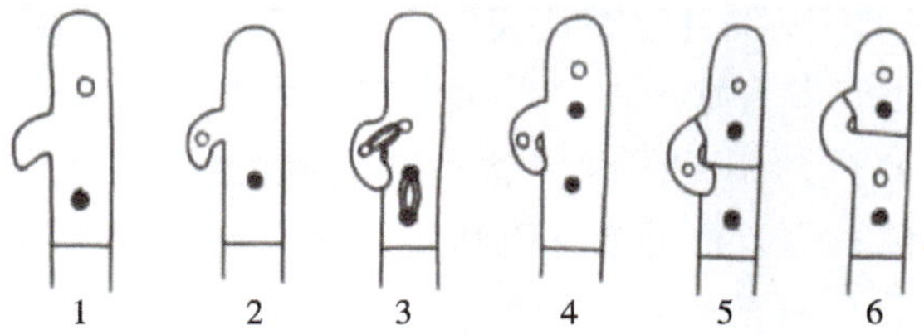

图 2－1　锁状联合

引自：周德庆. 微生物学教程. 4 版. 北京：高等教育出版社，2020.

第三章　病毒与亚病毒因子

一、名词解释

1. 溶原性：溶原性是温和噬菌体侵入宿主细菌细胞后产生的一种特性。即当温和噬菌体侵入宿主细菌细胞后，在宿主细胞中检查不到噬菌体存在，但却具有产生成熟噬菌体的能力。

2. 类病毒：类病毒指没有蛋白质外壳，只有单链环状 RNA 分子，但没有编码蛋白质的功能，其复制完全利用宿主细胞酶的专性寄生于高等生物的一种亚病毒。

3. 温和噬菌体：温和噬菌体指侵入宿主后，因生长条件不同，可具有两条截然不同的可选择的生长途径。一条是与烈性噬菌体相同的生长路线，引起宿主细胞的裂解死亡；另一种是将其核酸整合到细菌染色体上，该细菌细胞继续生长繁殖，并使宿主细胞溶原化的噬菌体。

4. 效价：每毫升试样中所含有的具有侵染性的噬菌体粒子数，又称噬菌斑形成单位数。

5. 一步生长曲线：定量描述烈性噬菌体生长规律的实验曲线，称作一步生长曲线或一级生长曲线，可反映每种噬菌体的三个重要参数——潜伏期、裂解期和裂解量。

6. 朊病毒：朊病毒是一类能够引起哺乳动物亚急性海绵样脑病的致病因子，是一种具有感染性的蛋白质因子。

7. 病毒：病毒是一类由核酸和蛋白质等少数几种成分组成的超纤维细胞生物，其本质是一类含 DNA 和 RNA 的特殊遗传因子。

8. 烈性噬菌体：凡在短时间内能连续完成吸附、侵入、增殖、成熟、裂解 5 个阶段，从而实现其繁殖的噬菌体称为烈性噬菌体。

9. 溶原菌：温和噬菌体的宿主称为溶原菌。

10. 拟病毒：拟病毒又称类病毒或壳内类病毒，是指一类包裹在真病毒颗粒中的有缺陷的类病毒。

11. 卫星病毒：卫星病毒是一类基因组缺损，必须依赖某形态较大的专一辅助病毒才能复制和表达的小型伴生病毒。

12. 噬菌体早期转录：噬菌体入侵宿主细胞后，释放 dsRNA，并利用宿主 RNA 聚合酶转录噬菌体 mRNA，并进行后续翻译和蛋白质的合成过程。

13. 自外裂解：大量噬菌体吸附在同一宿主细胞表面并释放众多的溶菌酶，最终因外在原因而导致细胞裂解。

14. 裂解量：平均每一宿主细胞裂解后产生的子代噬菌体数称为裂解量。

15. 人畜共患病病原体：指能够在人类与人类饲养的畜禽之间自然传播，且引起感染性疾病的病原微生物。

16. 刺突蛋白：刺突蛋白指位于病毒颗粒外层的一种凸起的糖蛋白结构。

17. 核型多角体病毒：核型多角体病毒是指一类在昆虫细胞核内增殖的，具有蛋白质包涵体的杆状病毒。

18. 质型多角体病毒：质型多角体病毒是指一类在昆虫细胞质内增殖的，具有蛋白质包涵体的球状病毒。

19. 前病毒：前病毒也叫原病毒，是存在于宿主染色体内的，潜在的病毒染色体组。可以从一代宿主细胞转移到另一代宿主细胞中而不使宿主破裂。

20. 卫星 RNA：卫星 RNA 是一类存在于某一病毒粒的衣壳内，并完全依赖于后者才能复制自己的小分子 RNA 病原因子。

21. 辅助病毒：辅助病毒是指缺陷病毒与其他病毒共同感染细胞时，若其他病毒能弥补缺陷病毒的不足，使之增殖出完整病毒的病毒。能为缺陷病毒提供所需要的条件，使缺陷病毒又能产生完整的子代病毒。

22. 潜伏期：接种病毒开始至细胞释放出子代病毒所需的最短时间。

23. 裂解期：宿主细胞迅速裂解，溶液中病毒粒子迅速上升的一段时间。

二、填空题

1. 螺旋，二十面体，复合
2. 潜伏期，裂解期，裂解量
3. 潜伏期，裂解期，平稳期
4. 核型多角体，质型多角体，颗粒体，无包涵体病毒
5. 尾丝
6. 蛋白质，核酸，核壳体，脂类，蛋白质
7. RNA，DNA
8. 吸附，侵入，增殖，成熟，释放
9. 原噬菌体，溶原性，稳定的遗传性
10. 前噬菌体，温和噬菌体
11. 类病毒，朊病毒，拟病毒
12. 个体微小，结构简单，高度寄生性，特殊的抵抗力
13. 原噬菌体，诱发裂解，自发裂解
14. 朊病毒
15. 冠状病毒
16. 伊万诺夫斯基
17. 二十面体
18. 螺旋，二十面体，复合
19. 没有细胞结构，核酸复制，核糖体，能量代谢有关的酶
20. 螺旋对称，二十面对称，复合对称
21. 蛋白质，核酸
22. 致细胞病变效应(CPE)
23. 尾鞘，尾管，基板，刺突，尾丝

24. 有尾噬菌体目，单分子负链 RNA 病毒目，成套病毒目，小 RNA 病毒目，芜菁黄花叶病毒目，疱疹病毒目

25. 噬细菌体，嗜放线菌体，嗜蓝细菌体

26. 溶原菌

27. 游离态，整合态，营养态

28. 巨噬细胞，酸性

29. P4

30. 多角体

31. 核酸或蛋白质，核酸和蛋白质，缺陷病毒

32. 分子量小，GC 含量高，抗热，抗脂溶剂，宿主的酶系统进行

33. RNA，300 ~ 400

34. 250，1%

35. 辅助病毒

36. 昆虫，节肢动物

三、单项选择题

1. B	2. A	3. D	4. B	5. C	6. D	7. C	8. C	9. B	10. C
11. B	12. D	13. C	14. B	15. B	16. D	17. A	18. B	19. C	20. A
21. D	22. B	23. A	24. B	25. A	26. A	27. D	28. A	29. A	30. B
31. D	32. A	33. B	34. C	35. C	36. A	37. A			

四、判断题（答 A 表示说法正确，答 B 表示说法不正确，不正确的题目须指出错误并修改）

1. (A)

2. (B)解析：刺突(spike)，有些病毒粒子表面，尤其是在有囊膜的病毒粒子表面具有突起物，称刺突，也称囊膜突起(peplomer)。囊膜对衣壳有保护作用，并与病毒吸附宿主细胞有关。有些病毒囊膜表面具有呈放射状排列的突起，称为纤突(又称囊膜粒或刺突)，放射状排列的糖蛋白刺突(囊膜突起)。这些刺突有的是病毒的凝血素(能凝集红细胞)，用于启动病毒感染过程，具有诱发免疫保护作用以及中和抗体的能力。有的具有神经氨酸酶(neuraminidase)的活力，可促使病毒从宿主细胞上释放。

3. (A)

4. (B)解析：同一病毒为同科不同种的病毒，种内病毒的个别成员在衣壳蛋白的表面包含有脂质类囊膜。

5. (A)

6. (B)解析：一个病毒粒子包含有核酸(DNA 或 RNA)、核衣壳蛋白、衣壳蛋白和/或类囊膜结构。

7. (B)解析：疯牛病的元凶是朊病毒。

8. (A)

9. (B)解析：T4 噬菌体的遗传物质为双链、线状 DNA 分子，即 dsDNA。

10. (B)解析：TMV 的核酸是杆状(+)ssRNA。

11. (A)

12. (B)解析："疯牛病"和"口蹄疫"都是由朊病毒引起的。

13. (B)解析：类病毒，又称感染性 RNA、病原 RNA、壳病毒，是一种和病毒(virus)相似的感染性颗粒。类病毒是一类环状闭合的单链 RNA 分子，分子量约 105Da("真病毒"为 106～108Da)，含 246～401 个核苷酸。类病毒仅为裸露的 RNA 分子，棒状结构，无衣壳蛋白及 mRNA 活性。为了和病毒加以区分，故命名为类病毒。而朊病毒才是唯一一种具有传染性的蛋白颗粒。

14. (A)

15. (A)

16. (B)解析：病毒的核酸是多样性的，主要分为 5 类。即双链 DNA、单链 DNA、双链 RNA、单股负链 RNA 和单股正链 RNA。

17. (B)解析：病毒是一种个体危险、结构简单、只含有一种核酸(DNA 或 RNA)，必须在活细胞内寄生并以复制方式增殖的非细胞型生物。病毒是一种非细胞生命形体，它由一个核酸长链和蛋白质外壳组成，病毒没有自己的代谢结构，没有酶系统。因此病毒离开了宿主细胞就没有了任何生命活动。

18. (A)

19. (B)解析：智利巨型病毒又称潘多拉病毒(Pandora virus)，是一类非常大型的病毒。其基因组比其他所有已知病毒都大得多。直径达 1μm。

20. (B)解析：病毒不是单细胞生物，病毒是一种非细胞型的微生物，其体积微小、结构简单，只含一种核酸 DNA 或 RNA，必须在活细胞内寄生并以复制方式进行增殖。

21. (A)

22. (A)

23. (B)解析：动物病毒主要为 ssDNA、dsDNA、ssRNA 和 dsRNA，而植物病毒大多为 ssDNA。

24. (B)解析：噬菌体是感染细菌、真菌、放线菌或螺旋体等微生物的细菌病毒的总称，是病毒的一种。所以噬菌体既不是原核生物也不是真核生物。

25. (A)

26. (B)解析：烈性噬菌体的一步生长曲线能确定 3 个主要特征参数：潜伏期、裂解期和裂解量。

27. (A)

28. (B)解析：植物病毒绝大多数没有包膜，只有弹状病毒科和布尼亚病毒科的部分植物病毒具有包膜。如莴笋坏死黄化病毒。但与动物病毒和噬菌体一样，植物病毒也具有较强的宿主专一性。

29. (B)解析：由于植物细胞表面的特殊性，受体或感染相关膜蛋白的缺乏使得植物必须在浸入宿主细胞后才脱去衣壳蛋白。

30. (A)

31. (A)

32. (A)

33. (B)解析：亚病毒(subviruses)是一类比病毒更为简单，仅具有某种核酸、不具有蛋白质，或仅具有蛋白质而不具有核酸，能够侵染动植物的微小病原体。

34. (B)解析：在天然状态下类病毒RNA以高度碱基配对的棒状结构形式存在。类病毒能耐受紫外线和作用于蛋白质的各种理化因素，如对蛋白酶，胰蛋白酶，尿素等都不敏感，不被蛋白酶或脱氧核糖核酸(DNA)酶破坏，耐热，不抗脂溶剂，但对RNA酶极为敏感。

35. (A)

36. (A)

37. (A)

38. (B)解析："疯牛病""库鲁病"和"羊瘙痒病"的病原体均为朊病毒，其通过破坏人类或动物的中枢神经系统，从而导致宿主死亡。

39. (B)解析：大多数的植物病毒都是通过昆虫传播的，昆虫主要通过刺吸式的口器传播植物病毒，如蚜虫，叶蝉和飞虱。少数具有咀嚼式口器的甲虫和蝗虫等也可传播病毒。有些螨类也是传播病毒的介体。

40. (A)

五、简答题

1. 什么是真病毒？什么叫亚病毒？

答：①真病毒是至少含有核酸和蛋白质两种组分的分子病原体；②亚病毒是在核酸和蛋白质两种成分中只含有其中之一的病原体。

2. 病毒粒子有哪几种对称形式？每种对称形式又有几种特殊外形？

答：病毒粒子有螺旋对称、二十面体对称、复合对称，每种对称形式又有有包膜和无包膜之分。

3. 什么叫烈性噬菌体？简述其裂解性生活史。

答：能在短时间内完成吸附、侵入、增殖、成熟和裂解5个阶段，从而实现其繁殖的噬菌体称为烈性噬菌体。它的裂解性生活史大致为：尾丝与宿主细胞特异性吸附，病毒核酸侵入宿主细胞内，病毒核酸和蛋白质在宿主细胞内的复制和合成，病毒核酸和蛋白质装配，大量子代噬菌体裂解释放到宿主细胞外。

4. 什么是一步生长曲线？它分为几个时期？各期有何特点？

答：定量描述烈性噬菌体生长规律的实验曲线，称为一步生长曲线。它包括：①潜伏期，细胞内已经开始装配噬菌体粒子并可用电子显微镜观察到；②裂解期，宿主细胞迅速裂解，溶液中噬菌体粒子急剧增多；③平稳期：感染后的宿主细胞已全部裂解，溶液中的噬菌体效价达到最高点。

5. 简述溶原性、溶原菌、温和噬菌体的含义。

答：温和噬菌体侵入相应宿主细胞后由于前者的基因组整合到后者的基因组上并

随后者的复制而进行同步复制，因此温和噬菌体的这种侵入并不引起宿主细胞裂解，这就是溶原性。溶原菌是一类能与温和噬菌体长期共存，一般不会出现有害影响的宿主细胞。温和噬菌体是指不能完成复制循环，具有溶原性，不发生烈性裂解的噬菌体。

6. 什么是朊病毒？目前已在哪些生物中发现？其与真病毒的主要区别是什么？

答：朊病毒是一类不含核酸的传染性蛋白质分子，可引起同类蛋白质分子发生与其相似的构象变化，从而可使宿主致病。目前已在哺乳动物、病毒和真菌中发现，其与真病毒的主要区别是：无免疫原性，无核酸成分，由宿主细胞内的基因编码，抗逆性强，不被蛋白酶水解。

7. 简述病毒的定义及种类。

答：①生物学上一般指生物病毒，且需要在电子显微镜下才能够看到。病毒是一种非细胞生命形态，形状微小，只含有一种核酸物质，病毒往往要寄生在活细胞里面才能够生存。病毒一旦进入活细胞之后，就可以利用细胞的物质和能量特性，进行病毒的复制、转录、转译等功能，产生出和原病毒一样的新一代子代病毒。②从性质上分为植物病毒、动物病毒和细菌病毒，从结构上分为单链 RNA、双链 RNA 和 DNA 病毒。从广义上来说，病毒分为拟病毒、类病毒和病毒粒子，其中拟病毒和类病毒是一条非常简单的生物链——ssRNA 链。

8. 请总结病毒的特性。

答：具体地说，病毒的特性有：①形状极其微小，一般都能通过细菌滤器，故必须在电子显微镜下才能观察；②没有细胞构造，其主要成分仅为核酸和蛋白质两种，故又称“分子生物”；③每一种病毒只含一种核酸，不是 DNA 就是 RNA；④既无产能酶系，也无蛋白质和核酸合成酶系，只能利用宿主活细胞内已有的代谢系统合成自身的核酸和蛋白质组分；⑤以核酸和蛋白质等“元件”的装配实现其大量繁殖；⑥在离体条件下，能以无生命的生物大分子状态存在，并可长期保持其侵染活力；⑦对一般抗生素不敏感，但对干扰素敏感；⑧有些病毒的核酸还能整合到宿主的基因组中，并诱发潜伏性感染。

9. 请简述病毒的群体形态。

答：病毒粒虽是无法用光学显微镜观察的亚显微颗粒，但当它们大量聚集并使宿主细胞发生病变时，就形成了具有一定形态、构造并能用光学显微镜加以观察和识别的特殊“群体”，例如动、植物细胞中的病毒包涵体；有的还可用肉眼观察，例如由噬菌体在菌苔上形成的“负菌落”即噬菌斑，由动物病毒在宿主单层细胞培养物上形成的空斑，由植物病毒在植物叶片上形成的枯斑，以及昆虫病毒在宿主细胞内形成的多角体等。病毒的这类“群体形态”有助于对病毒的分离、纯化、鉴别和计数等许多实际工作。

10. 简述杆状病毒作为载体的优点。

答：杆状病毒作为载体的优点：①具有宿主细胞核内复制的 cccDNA；②不侵染脊椎动物，对人畜十分安全；③核型多角体蛋白基因是病毒的非必要因子，它带有强启动子，可使外源基因表达产物达到宿主总蛋白的 20% 或虫体总干重的 10%；④可作为重组病毒的选择性标记，外源基因的插入并不影响病毒的繁殖；⑤对外援基因有很大的容量；⑥有强启动子做病毒晚期启动子，故任何外源基因产物，甚至是对病毒有毒性的产物也不会影响病毒的繁殖和传代。

11. 简述大肠杆菌 T4 噬菌体的结构和繁殖过程。

答：①结构：头部、颈部、尾部；②繁殖：吸附、侵入、增殖、成熟、释放。

12. 什么是类病毒、拟病毒和朊病毒？

答：类病毒只含有 RNA 一种成分，是专性寄生在活细胞内的分子病原体；拟病毒是指一类包裹在真病毒粒中的有缺陷的类病毒；朊病毒是一类不含核酸的传染性蛋白质分子。

13. 简述噬菌体的 6 种主要形态。

答：①A 型，dsDNA，蝌蚪状，收缩性尾；②B 型，dsDNA，蝌蚪状，非收缩性长尾；③C 型，dsDNA，非收缩性短尾；④D 型，ssDNA，球状，大顶衣壳粒；⑤E 型，ssRNA 和 dsRNA，球状，小顶衣壳粒；⑥F 型，ssDNA，丝状，无头尾。

14. 病毒系统分类中最可靠的是分子基础，请简述相关的指标特征。

答：①是 DNA 还是 RNA；②是单链还是双链；③呈线状还是环状；④闭环还是缺口环；⑤基因组是单分子、双分子、三分子还是多分子；⑥核酸的碱基或碱基对；⑦核苷酸序列等。

六、综述题

1. 什么是效价？简述噬菌体效价的双层平板法。

答：效价表示每毫升试样中所含有的具有侵染性的噬菌体粒子数。双层平板法主要步骤：预先分别配制含 2% 和 1% 琼脂的底层培养基和上层培养基，先用底层培养基在培养皿上浇一层平板，待其凝固后，再把预先融化并冷却到 45℃ 以下，加有较浓的敏感宿主和一定体积待测噬菌体样品上层培养基在试管中摇匀后，立即倒在底层培养基上铺平待凝，然后在 37℃ 下保温。一般经 10 余小时后即可对噬菌斑进行计数。

2. 请介绍朊病毒的特点及其危害。

答：朊病毒蛋白是人和动物正常细胞基因的编码产物。朊病毒蛋白有两种构象：细胞型(正常型)和瘙痒型(致病型)。两者的主要区别在于空间构象上的差异，正常型是正常细胞的一种糖蛋白，仅存在 α 螺旋，而瘙痒型有多个 β 折叠存在，溶解度低，且对蛋白酶表现抗性。由此可见，朊病毒是空间构型改变了的正常蛋白质，是正常蛋白质变性所致。朊病毒与常规病毒一样，有可滤过性、传染性、致病性、对宿主范围的特异性，但它比已知的最小的常规病毒小得多(约 30～50nm)。电子显微镜下观察不到病毒粒子的结构，且不呈现免疫原性，不诱发干扰素产生，也不受干扰素影响。朊病毒对人类最大的威胁是可以导致人类和家畜患中枢神经系统退化性疾病，最终不治而亡。

3. 论述病毒复制的具体过程。

答：①吸附：病毒表面蛋白与细胞受体蛋白之间的结合力来源于空间结构的互补性、氢键、疏水性相互作用及范德华力；②侵入：又称病毒内化，此过程在病毒吸附后会立即发生，依赖于能量的感染步骤；③复制与聚集：病毒进入细胞后，病毒的包膜和壳体出去而释放出病毒核酸，病毒利用宿主的酶系统、细胞器和场所产生大量的病毒蛋白和核酸，并以此组装为完整的病毒颗粒；④释放：成熟的病毒粒子借助细胞膜系统释放到细胞外，以继续新一轮的感染过程。

4. 简述典型病毒的基本构造及其功能。

答：①基因组：承载病毒的核心遗传信息；②衣壳粒：病毒颗粒的主要支架结构和抗原成分，保护病毒核酸；③包膜：核衣壳外层的一层蛋白质或糖蛋白的类脂质双层膜结构；④刺突：个别病毒的包膜上含有一种凸起的糖蛋白结构，主要负责与宿主之间的特异性结合。

5. 简述病毒的对称模式并做对应举例。

答：①螺旋对称：无包膜，杆状，烟草花叶病毒等；丝状：大肠埃希杆菌的 f1、fd 和 M13 等；有包膜，卷曲状，正黏病毒等；弹状，狂犬病毒等。②二十面体对称：无包膜，小型，脊髓灰质炎病毒；大型，腺病毒。有包膜，疱疹病毒。③复合对称：无包膜，大肠埃希菌的 T 偶数噬菌体等；有包膜，痘苗病毒等。

6. 论述若干有代表性病毒的核酸类型及其代表病毒。

答：①动物 DNA 病毒：ssDNA，丝状，细小病毒；环状，待发现。dsDNA，线状，单纯疱疹病毒；环状，猿猴病毒。②动物 RNA 病毒：ssRNA，丝状，脊髓灰质炎病毒；dsRNA，线状，呼肠孤病毒。③植物 DNA 病毒：ssDNA，丝状，玉米条纹病毒；环状，待发现。dsDNA，线状，待发现；环状，花椰菜花叶病毒。④植物 RNA 病毒：ssRNA，丝状，豇豆花叶病毒；dsRNA，线状，玉米矮缩病毒。⑤微生物 DNA 病毒：ssDNA，丝状，核盘菌 SsHADV－1 病毒；环状，*E. coli* 的 fd 和 M13 病毒。dsDNA，线状，铜绿假单胞菌的 PM2 噬菌体；环状，花椰菜花叶病毒。⑥植物 RNA 病毒：ssRNA，丝状，*E. coli* 的 MS2；dsRNA，线状，各种真菌病毒。

7. 简述病毒的持续性感染及其特征。

答：病毒的持续性感染主要分为：①慢性感染：病毒在体内持续增殖，可不断或间断性地进行体外排毒，常不引起临诊疫病。但在机体免疫力低下的时候发病，症状长期存在，使其他易感者遭受感染，如人的乙肝或艾滋病。②潜伏感染：在急性或隐性原发性感染之后，病毒潜伏于一定的组织细胞中，不出现明显病症。在某些条件下，病毒在宿主细胞内重新增殖和扩散，再次出现与初次感染极为相似或截然不同的急性发作，而且还会反复发生，如人疱疹病毒。③慢性病毒感染：是指潜伏期长，发病呈慢性进行且最后转归于死亡的一种病毒感染。其与慢性感染的不同点在于疾病过程缓慢，但不断发展，且无一例外死亡。感染慢性病毒的病原体有两种：①常规病毒：如麻疹和狂犬病毒；②非常规病毒：如朊病毒。其特征是潜伏周期长，数月至数十年；机体感染后不发热，不产生炎症，无特异性免疫应答反应；临床以共济失调、痴呆和行为障碍等神经症状为主，100%死亡。

8. 噬菌体感染对发酵生产会产生怎样的影响？

答：噬菌体与实践的关系主要体现在对发酵工业的危害上。当发酵液受噬菌体严重污染时，会出现发酵周期明显延长、碳源消耗缓慢、发酵液变清、发酵产物的形成缓慢或根本不形成、噬菌斑产生和出现大量噬菌体粒子(电子显微镜观察)等现象。当发生以上情况时，轻则延长发酵周期，影响产品的产量和质量，重则引起倒罐甚至使工厂被迫停产。这种情况在谷氨酸发酵、细菌淀粉酶或蛋白酶发酵、丙酮丁醇发酵以及各种抗生素发酵中是司空见惯的，应严加防范。

9. 简述测定噬菌体效价所需双层平板法的具体步骤。

答：主要操作步骤为：预先分别配制含 2% 和 1% 琼脂的底层培养基和上层培养基。先用底层培养基在培养皿上浇一层平板(7～8mL)，待其凝固。接着，把预先融化并冷却到 45℃以下的上层培养基与 0.2mL 敏感指示菌(如大肠杆菌)和 0.1～0.5mL 待测噬菌体样品充分混匀，立即倒在底层培养基上铺平并等待凝固，然后在 37℃恒温环境下培养 10 余小时，以观察结果和计数。此法有许多优点，如加了底层培养基后，可弥补培养皿底部不平的缺陷；可使所有的噬菌斑位于近乎同一平面，因而大小一致、边缘清晰且无重叠现象；又因上层培养基中琼脂较稀，故可形成形态较大的菌落，便于观察和计数。

10. 简述病毒与人类实践的关系，列举其相关应用。

答：病毒与人类实践的关系极为密切，可以从多个角度来理解，主要包括以下几个方面。①与人类健康：人类 80% 的传染病由病毒引起，病毒能严重破坏人体免疫功能，促使各种疾病的发生，在某些个体中甚至会诱发癌症。在应用方面，以病毒为基础的疫苗开发与生产，在人类与病毒斗争中也发挥了巨大作用。②与农业发展：在种植业上植物病毒的危害十分严重，如烟草花叶病毒；在畜牧业上，有口蹄疫病毒等。在应用方面，利用昆虫病毒进行农业害虫的防治也开展了广泛的研究，如棉铃虫核型多角体病毒。③与发酵工业：发酵液噬菌体污染会影响产品质量，甚至引起倒罐、停产等严重后果。在应用方面，暂无。④与基因工程：病毒是基因工程的重要实验材料。在应用方面，*E. coli* 的 λ 噬菌体常作为原核生物基因工程载体，而杆状病毒作为基因治疗载体也有着良好的应用前景。

11. 根据你对猴痘病毒的了解和当前的流行情况，尝试猜测其是否会发生大流行?

答：猴痘病毒与天花病毒同属正痘病毒属，病毒颗粒呈砖形或椭圆形，可在非洲绿猴肾细胞中培养生长。人类感染猴痘传播途径主要分为：①动物传播途径：主要通过已感染的动物咬伤，或经开放伤口直接接触被感染动物的皮肤、体液等被感染；②人际间传播途径：可通过呼吸道飞沫，直接接触患者体液、被污染的物品(如衣服、被褥等)，母婴等途径传播，通过性接触也可传播。不过，猴痘的传染性远远小于天花，故人际间传播并不常见。

猴痘在人与人之间的病毒传播性比较弱，致病性也远不如天花病毒，总体危险性不大。早在 2003 年美国就暴发过猴痘疫情，但并没有造成大流行，仅限于小规模传播。猴痘病毒的临床特征非常明显，目前没有发现无症状感染者，直接从临床特征便可进行诊断，病例较容易被发现。同时，猴痘病毒在人体出现明显症状之前是没有传染性的，所以病例在出现症状后只需一段时间的自我隔离便可自愈，在没有疫苗的情况下也可以很好地被控制，不可能出现大规模传播。目前我国还没有发现病例，对于目前中国来说并没有太大的威胁，只要密切关注即可，不必恐慌。此外，中国有战略疫苗储备，随时可以大规模生产，也可以提供给世界各国。因此，猴痘病毒的暴发只是暂时性的和零星的，不太可能同新冠病毒一样造成全球大流行。

第四章　微生物的营养和培养基

一、名词解释

1. 微生物的营养要素：微生物的营养要素包括碳源、氮源、能源、生长因子、无机盐和水共 6 种。

2. 碳源：一切能满足微生物生长繁殖所需碳元素的营养源。

3. 碳源谱：若把所有微生物当作一个整体来考察，其可利用的碳源范围即碳源谱。

4. 异养微生物：凡必须利用有机碳源的微生物，就是异养微生物，其种类非常多。

5. 自养微生物：凡以无机碳源作为唯一或主要碳源的微生物，就是自养微生物，其种类较少。

6. 氮源：一切能满足微生物生长繁殖所需氮元素的营养源。

7. 氮源谱：若把所有微生物当作一个整体来考察，其可利用的氮源范围即氮源谱。

8. 能源：能为微生物生命活动提供最初能量来源的营养物或辐射能，称为能源。

9. 生长因子：生长因子是一类对调节微生物正常代谢所必需，但不能用简单的碳源、氮源自行合成的微量有机物。

10. 化能异养：绝大多数的细菌和全部的真菌利用有机物来汲取自身所需的营养物质来源的一种营养类型。

11. 基团转位：指一类既需特异性载体蛋白的参与，又需耗能的一种物质运送方式，其特点是溶质在运送前后还会发生分子结构的变化，因此不同于一般的主动运输。

12. 培养基：培养基是人工配制的、含有 6 类营养要素、适合微生物生长繁殖或产生代谢产物用的混合营养料。

13. C/N：碳氮比，即碳源与氮源含量之比。

14. 水活度：α_w，其表示在天然或人为环境中，微生物可实际利用的自由水或游离水的含量。其定量含义为：某溶液的蒸汽压(P)与纯水蒸汽压(P_0)之比。

15. 天然培养基：利用动、植物或微生物或其提取物质配制成的培养基。如培养细菌用的肉汤蛋白胨培养基，培养酵母菌用的麦芽汁培养基等。

16. 组合培养基：组合培养基是一类按照微生物的营养要求，精确设计后用多种高纯化学试剂配制而成的培养基。

17. 半组合培养基：半组合培养基是一类主要以化学试剂配制，同时还加有某种或某些天然成分的培养基。

18. 固体培养基：外观呈固体状态的培养基。如培养多数细菌所用的肉汤蛋白胨琼脂培养基。

19. 非可逆性凝固培养基：由血清凝固成的或由无机硅胶配制成的固体培养基，即一经凝固后就不能再融化的固体培养基。例如，分离培养化能自养菌常用的硅胶培养基。

20. 半固体培养基：半固体培养基是指在液体培养基中加入少量凝固剂而配制成的半固体状的培养基，如在液体培养基中加入0.5%的琼脂即可配制成半固体培养基。

21. 脱水培养基：脱水培养基指含有除水以外的一切成分的商品培养基，使用时只要加入适量水分并加以灭菌即可，是一类成分精确、使用方便的现代化培养基。

22. 选择性培养基：一类根据某微生物的特殊营养要求或其对某化学、物理因素的抗性而设计的培养基，具有使混合菌样中的劣势菌变成优势菌的功能，广泛用于菌种筛选等领域。

23. 富集培养：利用选择培养基的原理，在采集的含菌样品中加入某种特殊营养物，并创造一些有利于分离对象的生长条件，使样品中少数能分解利用这类营养物质的微生物大量繁殖，从而有利于分离它们。

24. 鉴别培养基：培养基中加入能与某一菌的无色代谢产物发生显色反应的指示剂，从而用肉眼就能使该菌菌落与外形相似的它种菌落相区分的培养基。如常用于鉴别大肠杆菌和其他肠道细菌的伊红美蓝乳糖培养基(EMB培养基)即为鉴别培养基。

25. 玉米浆：玉米浆是浸制玉米制取淀粉后的副产物，含有丰富的可溶性蛋白、生长素等物质，是培养微生物和工业发酵中常用的有机氮源之一。

二、填空题

1. 碳源，氮源，能源，生长因子，无机盐，水

2. 维生素

3. 光能无机营养型(光能自养型)，光能有机营养型(光能异养型)，化能无机营养型(化能自养型)，化能有机营养型(化能异养型)

4. 光能自养型，化能自养型

5. 单纯扩散，促进扩散，主动转运，基团转位

6. 1

7. 光能，二氧化碳(CO_2)

8. 蛋白胨，牛肉膏，酵母膏，$(NH_4)_2SO_4$，$NaNO_3$，豆饼粉，花生饼粉

9. 维生素，酵母膏

10. 碳，氮

11. 有机物，葡萄糖

12. CO_2，$NaHCO_3$，$CaCO_3$

13. 碳，能

14. C，H，O，N，P，S

15. P，S，K，Mg，Na，Ca，Fe

16. 目的明确，营养协调，理化适宜，经济节约

17. 生态模拟，借鉴文献，精心设计，试验比较

18. 6.5～7.5，7.5～8.5
19. 高，低
20. 巯基乙醇，抗坏血酸(V_C)，硫化钠，半胱氨酸，铁屑，谷胱甘肽
21. 天然培养基，组合培养基，半组合培养基
22. 液体培养基，固体培养基，半固体培养基，脱水培养基
23. 琼脂，明胶
24. 0.9%，磷酸盐

三、单项选择题

1. C　2. A　3. A　4. C　5. A　6. B　7. D　8. A　9. D　10. C
11. D　12. D　13. D　14. B　15. A　16. C　17. B　18. B　19. B　20. C
21. C　22. C　23. B　24. C　25. B

四、判断题(答 A 表示说法正确，答 B 表示说法不正确，不正确的题目须指出错误并修改)

1. (B)解析：还可提供能源。
2. (B)解析：糖蜜含有多种营养物，如氨基酸、微生物等，可提供生长因子和一定氮源。
3. (B)解析：至少是双功能营养物。光能才是单功能营养物(能源)。
4. (B)解析：至今可培养微生物不超过 10%，支原体、少数寄生真菌等，至今还不能在人工培养基上生长。
5. (B)解析：应为主动运输。
6. (A)
7. (B)解析：Fe 为大量元素。
8. (B)解析：异养型细菌可利用的碳源是极其多样的。
9. (A)
10. (A)
11. (B)解析：应为生长因子自养微生物。
12. (A)
13. (B)解析：单纯扩散不需要载体，但促进扩散需要载体。
14. (A)
15. (B)解析：厌氧菌只能在较低的氧化还原电位(≤0.1V)下才能生长，常在 0.1V 以下生长。
16. (A)
17. (A)
18. (B)解析：某些活体寄生菌就不能用基础培养基培养。
19. (A)
20. (B)解析：葡萄糖高温易分解褐化，一般可在 115℃ 灭菌 10～15min。

21. (B)解析：只需确保培养基中以纤维素为唯一碳源，其他5大营养物正常添加即可。

22. (A)

23. (A)

五、简答题

1. 什么是碳源？请列举出5种以上微生物可利用的碳源，并说明微生物利用碳源的一般规律。

答：一切能满足微生物生长繁殖所需碳元素的营养物称为碳源，可简写为C源。

微生物可利用的碳源分为有机碳源和无机碳源，前者包括糖类及其衍生物、有机酸类、醇类、脂类、烃类、蛋白质及其降解产物，种类非常多，如葡萄糖、果糖、蔗糖、糖蜜、甲烷、甲醇、酚、甘露糖、半乳糖、淀粉、纤维素、木质素、几丁质等，后者包括CO_2、碳酸盐等。

微生物利用碳源的一般规律：异养微生物在元素水平上的最适碳源为C·H·O型，具体来说，C·H·O型的糖类是最广泛利用的碳源，其次是有机酸类、醇类和脂类等。在糖类中，单糖优于双糖和多糖，己糖优于戊糖，葡萄糖、果糖优于甘露糖、半乳糖；在多糖中，淀粉明显优于纤维素或几丁质等同多糖，多糖优于琼脂等杂多糖。

2. 写出一般异养微生物对下列糖类利用的先后次序：甘露糖、半乳糖、葡萄糖、果糖。

答：葡萄糖>果糖>甘露糖>半乳糖。

3. 写出一般异养微生物对下列多糖化合物利用的先后次序：琼脂、几丁质、纤维素、淀粉、木质素、葡萄糖。

答：葡萄糖>淀粉>纤维素>木质素>几丁质>琼脂。

4. 什么是氮源？请列举出5种以上微生物可利用的氮源，并说明微生物利用氮源的一般规律。

答：一切能满足微生物生长繁殖所需氮元素的营养物称为氮源，可简写为N源。

微生物可利用的氮源分为有机氮源和无机氮源，前者包括复杂蛋白质、核酸及其水解物等，尿素、一般氨基酸、简单蛋白质等，种类非常多，如牛肉膏、蛋白胨、酵母膏(或酵母浸粉)、鱼粉、黄豆粉、花生饼粉、蚕蛹粉、尿素、明胶等，后者包括硫酸铵、氯化铵、硝酸钾、N_2等。

微生物利用氮源的一般规律为：异养微生物对氮源的利用顺序一般是N·C·H·O和N·C·H·O·X类优于N·H类，更优于N·O类，最不易利用的是N类(只有少数固氮菌、根瘤菌、蓝细菌等可利用)。微生物对无机氮源的利用规律大致为：铵盐可被微生物直接吸收利用，硝酸盐类需被微生物转化为铵盐后再被利用。

5. 指出异养微生物对下列氮源物质利用的先后次序：简单蛋白质、铵盐、N_2、蛋白胨、硝酸盐。

答：蛋白胨>简单蛋白质>铵盐>硝酸盐>N_2。

6. 试写出制备微生物培养基时，常用的提供生长因子的物质。

答：常用的提供生长因子的物质有酵母膏、玉米浆、肝浸液、麦芽汁、米糠浸液、其他新鲜动植物汁液。

7. 何为水活度？它对微生物的生命活动有何影响？与人类的生产和生活实践有何关系？

答：水活度(α_w)是指在天然或人为环境中，微生物可实际利用的自由水或游离水的含量，其定量含义为：某溶液的蒸汽压(P)与纯水蒸汽压(P_0)之比。在水活度高的环境下生长繁殖的微生物代谢旺盛，在水活度低的环境下生长繁殖的微生物抗逆性强。水活度对人类的生产和生活实践的指导意义：大多数的微生物都会有一个生长繁殖的水活度的最低临界值，一般情况下，食品的水活度低于这个临界值，这种微生物在该食品中就很难生长。因此，了解各类微生物生长的水活度，有利于设计培养基，也有利于防止食物的霉腐。我们知道了这个临界值之后，也可以判断微生物检测结果的科学性，如我们检测的产品的水活度为0.85，而产品要求我们检测沙门菌，一般情况下沙门菌生长所需的最低水活度为0.96，所以理论上该食品不会检出沙门菌，假如检出沙门菌，那我们就应该排查一下，是否有哪些环节对检测过程造成污染。

8. 简述微生物细胞单纯扩散运输方式的机制。

答：微生物的细胞质膜是由磷脂双分子层和膜蛋白组成的半透膜，具有疏水屏障作用。通过物理扩散方式，质膜允许许多小分子，非电离的尤其是亲脂性的分子被动通过。微生物细胞吸收O_2、CO_2、乙醇和某些氨基酸分子时，采用单纯扩散。

9. 何为基团转位？请简述通过基团转位运送营养物质的机制。

答：基团转位是指一类既需要特异性载体蛋白参与、又需要耗能的一种物质运送方式，且所运送的物质在运送前后会发生分子结构的变化。基团转位广泛存在于原核生物尤其是一些兼性厌氧菌和专性厌氧菌中，主要用于运送各种糖类、核苷酸、丁酸和腺嘌呤等物质。

基团转位的运送机制在*E. coli*中研究的较为清楚，主要靠磷酸转移酶系统(PTS)即磷酸烯醇式丙酮酸－己糖磷酸转移酶系统进行，该系统由24种蛋白质组成，运送某一具体糖至少有4种蛋白质参与，每输入1分子葡萄糖，就要消耗1分子ATP，具体运送过程为：①细胞质中的磷酸烯醇式丙酮酸(PEP)通过细胞质中的酶Ⅰ的作用，将位于细胞膜上的热稳载体蛋白(HPr)磷酸化，从而激活HPr；②胞外葡萄糖与位于细胞膜外表面上的底物特异性膜蛋白酶Ⅱ_c结合；③通过位于细胞质中的酶Ⅱ_a及位于细胞膜内表面上的酶Ⅱ_b的作用，磷酸化的HPr将其磷酸基团逐级传递给酶Ⅱ_a、酶Ⅱ_b，进而将与酶Ⅱ_c结合的葡萄糖磷酸化，在酶Ⅱ_c的作用下，磷酸化的葡萄糖被释放到细胞质中，从而实现葡萄糖分子由胞外运送到胞内。

10. 配制微生物培养基所需的营养要素中，存在10倍序列递减的趋势，请具体说明。

答：10倍序列递减趋势：水(10%)，C源＋能源，N源，P、S等大量元素，K、Mg等微量元素，生长因子。

培养基的营养要素之所以存在这种数量关系，原因是在微生物细胞中，水分含量一般占比是最大的，其次是C源(兼做能源)，其后依次是N源、大量元素、微量元素和生长因子。

11. 何为碳氮比？真菌和细菌分别对碳氮比有何不同要求？

答：碳氮比指培养基中所含的碳源中的碳原子摩尔数与氮源中的氮原子摩尔数之比。一般真菌需C/N较高的培养基，细菌尤其是动物病原菌需C/N较低的培养基。

12. 简述配制培养基的原则和步骤。

答：配制培养基的原则：①目的明确；②营养协调；③理化适宜；④经济节约。

配制培养基的步骤：原料称量、溶解(加琼脂)→(过滤，视具体情况而定)→定容→调pH → 分装→ 加棉塞、包扎 → 灭菌→(摆斜面)→无菌检查。

13. 按培养基外观的物理状态，可将培养基分为哪几种类型？请各举一例。

答：①液体培养基，如培养大肠杆菌的液体LB培养基。②固体培养基。如培养细菌用的肉汤蛋白胨琼脂培养基。③半固体培养基。如用于细菌动力观察的肉汤蛋白胨琼脂半固体培养基(琼脂用量为0.5%)。④脱水培养基。现在几乎所有由多种营养物配制而成的培养基都可以配制成脱水培养基。

14. 根据培养基成分不同可将培养基分为哪几种类型？试各举1~2例说明。

答：①天然培养基。如培养细菌用的肉汤蛋白胨培养基，培养酵母菌用的麦芽汁培养基。②组合培养基。如培养放线菌用的淀粉硝酸盐培养基，培养真菌用的蔗糖硝酸盐培养基(还有高氏一号、察氏培养基等)。③半组合培养基。如培养真菌用的PDA培养基。

15. 按培养基功能不同可将培养基分为几种类型？试举例说明。

答：①选择性培养基。如酵母富集培养基，富集自生固氮菌用的Ashby无氮培养基，富集土壤中真菌用的Martin培养基，在厌氧条件下富集乳酸菌用的含糖酵母膏培养基。②鉴别培养基，如EMB培养基。

16. 配制固体培养基时最常用的凝固剂是什么？什么是半固体培养基？它在微生物学研究中有什么应用？

答：配制固体培养基时最常用的凝固剂是琼脂；半固体培养基是指在液体培养基中加入少量凝固剂(0.5%琼脂)配制成的半固体培养基。半固体培养基常用于细菌动力观察、双层平板培养法中测定噬菌体效价。

六、综述题

1. 有一培养基配方如下：甘露醇10g，KH_2PO_4 0.2g，$MgSO_4 \cdot 7H_2O$ 0.2g，$CaCO_3$ 5.0g，NaCl 0.2g，$CaSO_4 \cdot 2H_2O$ 0.1g，琼脂20g，水1000mL。请说明上述培养基中的C源、N源、能源物质各是什么？NaCl和$CaCO_3$起什么作用？

答：①C源：甘露醇；②N源：甘露醇；③能源：甘露醇；④NaCl和$CaCO_3$用作缓冲剂稳定pH。

2. 配制培养基时，为什么要调节pH，有时甚至需要边培养边调节？培养基pH调节方式有哪些？

答：微生物都有其适宜的pH生长范围和最适pH，随着营养物质的分解利用，以及微生物自身新陈代谢的作用，释放某些物质等，可导致培养基 pH 偏离正常范围，因此需要调节培养基 pH。

培养基 pH 调节方式有内源调节和外源调节 2 种，内源调节主要有 3 种方式：①通过磷酸缓冲液进行调节，常用 K_2HPO_4 和 KH_2PO_4 进行调节，可获得 pH 6.0 ~ 7.6 的一系列稳定的 pH 环境。②添加 $CaCO_3$、$NaHCO_3$ 进行调节。③通过调节培养基的碳氮比也可在一定程度上调节培养基的 pH。外源调节一般是指直接流加酸液或碱液进行调节。

3. 生长因子过量合成微生物在发酵工业上有何用途？试举例说明。

答：可作为发酵法生产维生素的生产用菌株，如阿舒假囊酵母和棉阿舒囊霉可用于生产维生素 B_2；谢氏丙酸杆菌、若干链霉菌（如橄榄色链霉菌、灰色链霉菌）、产甲烷菌可用于生产维生素 B_{12}。杜氏盐藻属可用于生产 β－胡萝卜素等。

4. 生长因子异养微生物有何用途？

答：可作为维生素等生长因子生物测定时的试验菌。例如：一般乳酸菌都需要多种维生素才能生长，当需要检测某种食品中是否含有某种维生素时，可采用乳酸菌作为指示菌，若生长或产酸表示该食品中含有某种维生素；若不生长，则无。

5. 在微生物实验中，理想的凝固剂应该具备哪些条件？

答：理想的凝固剂应该具备以下条件：①被微生物液化、分解与利用；②在微生物生长的温度范围内保持凝固状态；③凝固点的温度对微生物无害；④不被消毒灭菌而破坏；⑤配制方便，价格低廉；⑥透明度好，具有一定的黏着力。

6. 根据微生物对能源、氢供体和基本碳源需求的不同，可将微生物的营养类型分为 4 种，请说明这 4 种营养类型及其基本特点，并列出至少 1 种代表性微生物。

答：根据微生物对能源、氢供体和基本碳源需求的不同，可将微生物的营养类型分为 4 种：光能自养型、光能异养型、化能自养型、化能异养型。

光能自养型是指微生物利用光能和无机物来合成自身生命活动所需的物质。代表性微生物有蓝细菌、藻类、紫硫细菌、绿硫细菌。

光能异养型是指微生物能利用光能和有机物来合成自身生命活动所需的物质。代表性微生物有红螺菌科细菌（即紫色非硫细菌）。

化能自养型是指微生物利用无机物来合成自身生命活动所需的能量和物质的营养类型。代表性微生物有硝化细菌、硫化细菌、铁细菌、氢细菌、硫磺细菌等。

化能异养型是指微生物利用有机物来合成自身生命活动所需的能量和物质的营养类型。代表性微生物有绝大多数原核生物（如大肠杆菌）、全部真菌和原生动物。

7. 为什么说土壤是人类最丰富的菌种资源库？如何从中筛选所需要的菌种？

答：土壤具有各种微生物生长发育所需要的营养、水分、空气、酸碱度、渗透压和温度等条件。土壤是微生物的“天然培养基”，即最丰富的菌种资源库。

从土壤中筛选菌种的步骤：①采集菌样；②富集培养；③纯种分离；④性能测定。

第五章　微生物的新陈代谢

一、名词解释

1. 发酵：发酵指在无氧等外源氢受体的条件下，底物脱氢后所产生的还原力[H]未经呼吸链传递而直接交由某一内源性中间代谢物接受，以实现底物水平磷酸化产能的一类生物氧化反应。

2. 呼吸作用：指微生物在降解底物的过程中，将释放出的电子交给 $NAD(P)^+$、FAD 或 FMN 等电子载体，再经电子传递系统传给外源电子受体，从而生成水或其他还原型产物并释放出能量的过程。

3. 无氧呼吸：无氧呼吸指一类呼吸链末端的氢受体为外源无机氧化物(少数为有机氧化物)的生物氧化。

4. 有氧呼吸：底物按常规方式脱氢后，脱下的氢经完整的呼吸链传递，最终被外源分子氧接受，产生水并释放 ATP 形式的能量 。

5. 次级代谢：微生物在一定的生长时期(一般是稳定生长时期)以初级代谢产物为前体，合成一些对微生物的生命活动没有明确功能的物质的过程。

6. 次级代谢产物：次级代谢产物是指某些微生物生长到稳定期前后，以结构简单、代谢途径明确、产量较大的初级代谢产物作为前体，通过复杂的次生代谢途径所合成的各种结构复杂的化合物。

7. 氧化磷酸化：氧化磷酸化又称电子传递磷酸化，是指呼吸链的递氢(或电子)和受氢过程与磷酸化反应相偶联并产生 ATP 的作用。

8. 底物水平磷酸化：底物水平磷酸化是指在生物氧化过程中产生一些含有高能磷酸键的化合物，并且这些高能磷酸化合物的高能磷酸键键能可以直接偶联 ATP 合成。

9. 光合磷酸化：由光照引起的电子传递与磷酸化作用相偶联而生成 ATP 的过程称为光合磷酸化。

10. 循环式光合磷酸化：可在光能驱动下通过电子的循环式传递而完成磷酸化产能的反应，是一种存在于光合细菌中的原始光合作用机制。

11. 非循环式光合磷酸化：电子循环途径属于非循环式的光合磷酸化反应，是各种绿色植物、藻类和蓝细菌所共有的利用光能产生 ATP 的磷酸化反应。

12. Stickland 反应：以一种氨基酸作为氢供体和以另一种氨基酸作为氢受体而实现生物氧化产能的独特发酵类型，称为 Stickland 反应。Stickland 反应的产能效率很低，每分子氨基酸仅产 1 个 ATP。

13. P/O：每消耗 1mol 氧原子所产生的 ATP 摩尔数，用来定量表示呼吸链氧化磷酸化效率的高低。

14. 生物固氮：生物固氮是指大气中的分子氮通过微生物固氮酶的催化而还原成氨的过程。

15. 反硝化作用：反硝化作用又称硝酸盐呼吸，是指在无氧条件下，某些兼性厌氧微生物利用硝酸盐作为呼吸链的最终氢受体，把它还原成亚硝酸、NO、N_2O 直至 N_2 的过程，称为异化性硝酸盐还原作用，又称硝酸盐呼吸或反硝化作用。

16. 同型乳酸发酵：凡葡萄糖发酵后只产生 2 分子乳酸的发酵，称同型乳酸发酵。

17. 异型乳酸发酵：凡葡萄糖发酵后除主要产生乳酸外，还产生乙醇、乙酸和 CO_2 等多种产物的发酵，称异型乳酸发酵。

18. 巴斯德效应：巴斯德效应是指在有氧状态下酒精发酵和糖酵解受抑制的现象，因为该理论是由巴斯德提出的，故而得名。

19. 代谢物回补顺序：代谢物回补顺序又称代谢物补偿途径或添补途径(replenishment pathway)，是指能补充两用代谢途径中因合成代谢而消耗的中间代谢物的那些反应。

20. 两用代谢途径：凡在分解代谢和合成代谢中均具有功能的代谢途径称两用代谢途径。

21. 代谢调节：代谢调节是指在代谢途径水平上对酶活性的调节和在基因调控水平上对酶合成的调节，目的是积累更多为人类所需的有益的代谢产物。

22. IMViC 试验：用于鉴定肠道杆菌的生理生化实验，包括吲哚试验(I)、甲基红试验(M)、伏 - 波试验(VP)、柠檬酸(C)试验，合称为 IMViC 试验。

23. 抗反馈调节突变株：抗反馈调节突变株是对末端代谢物及其结构类似物的反馈抑制不敏感，或对其反馈阻遏有抗性，或两者兼而有之的菌株。

二、填空题

1. 简单分子，能量，还原力
2. 产生三要素，合成前体物，合成大分子
3. 抗生素，生长激素，毒素，色素
4. 有氧呼吸，无氧呼吸，发酵
5. 有机物，还原态无机物，日光
6. NH_4^+，NO_2^-，NO_2^-，NO_3^-
7. EMP，TCA，CO_2，H_2O
8. 糖酵解，丙酮酸，脱羧，乙醛，脱氢，2
9. 乙醇发酵，乳酸发酵，丁酸发酵，乙酸发酵，丙酮发酵，丁醇发酵
10. 厌氧，同型，异型
11. 氧化还原反应中电子受体不同
12. Calvin 循环，厌氧乙酰 - CoA 途径，逆向 TCA 循环途径，羟基丙酸途径
13. Calvin 循环
14. 代谢流，酶的合成量，现成酶的催化活力
15. 能以 O_2 作为最终电子受体进行好氧呼吸，以代谢中间产物为受氢体进行发酵作用
16. 原核微生物

17. EMP，HMP，TCA

18. EMP，乳酸，ED，乳酸，乙醇，CO_2

19. CO_2

20. 植物根际，叶面，动物肠道

21. 甲酸，乙酸，乳酸，4.5

22. 色氨酸酶，对二甲基氨基苯甲醛，阳性，阴性

23. 胱氨酸，半胱氨酸，甲硫氨酸，硫化铅或硫化亚铁沉淀物

24. 中间代谢物，反馈调节

三、单项选择题

1. B　2. A　3. C　4. B　5. B　6. A　7. C　8. C　9. A　10. B
11. C　12. B　13. D　14. B　15. C　16. D　17. D　18. A　19. D　20. A
21. C

四、判断题（答 A 表示说法正确，答 B 表示说法不正确，不正确的题目须指出错误并修改）

1. （A）

2. （A）

3. （B）解析：光合细菌进行不产氧的光合磷酸化产能反应。

4. （A）

5. （B）解析：ED 途径是存在于某些缺乏完整 EMP 途径的微生物中的一种替代途径，为微生物所特有。

6. （B）解析：维生素为微生物自身生长和繁殖所必需的物质，属于初级代谢产物。

7. （A）

8. （A）

9. （A）

10. （B）解析：1 分子葡萄糖经同型乳酸发酵可产 2 个 ATP，经异型乳酸发酵可产 1～2.5个 ATP。

11. （A）

12. （A）

13. （B）解析：藻类还原力 $NADPH_2$ 中的[H]是来自 H_2O 分子光解后的 H^+ 和 e^-。

14. （A）

15. （B）解析：产氧的非循环光合磷酸化是各种绿色植物、藻类和蓝细菌所共有的利用光能产生 ATP 的磷酸化反应。

16. （A）

17. （B）解析：从微生物发酵生产的角度来看，通过 HMP 途径可提供许多重要的发酵产物，例如核苷酸、氨基酸、辅酶和乳酸（异型乳酸发酵）等。

18. （A）

19. (A)

20. (A)

21. (A)

22. (A)

23. (B)解析：谷氨酸产生菌的油酸缺陷型菌株，在限量添加油酸的培养基中，也能因细胞膜发生渗漏而提高谷氨酸的产量。

24. (A)

25. (B)解析：柠檬酸盐利用试验用于检验细菌是否能利用柠檬酸盐。

五、简答题

1. 化能异养微生物进行合成代谢所需要的还原力可通过哪些代谢途径产生?

答：化能异养微生物进行合成代谢所需要的还原力可由 EMP 途径、HMP 途径、ED 途径、TCA 途径产生。

2. 举例说明微生物的几种发酵类型。

答：微生物的发酵类型主要有：①乳酸发酵，如植物乳酸杆菌进行的酸泡菜发酵。②乙醇发酵，如酵母菌进行的酒精发酵。③丙酮丁醇发酵，如利用丙酮丁醇梭菌进行丙酮丁醇的发酵生产。④丁酸发酵，如由丁酸细菌引起的丁酸发酵。

3. 比较呼吸作用与发酵作用的主要区别。

答：呼吸作用与发酵作用的主要区别在于：基质脱下的电子的最终受体不同，发酵作用脱下的电子最终交给了底物分解的中间产物；呼吸作用(无论是有氧呼吸还是无氧呼吸)从基质脱下的电子最终交给了氧(有氧呼吸交给了分子氧，无氧呼吸交给了无机氧化物中的氧)。

4. 试述 EMP 途经在微生物生命活动中的重要性。

答：EMP 途经又称糖酵解途径或已糖二磷酸途径，是多种微生物所具有的代谢途径，EMP 途经在微生物生命活动中的重要性主要体现在以下几个方面。

(1)供应 ATP 形式的能量和 $NADH_2$ 形式的还原力。

(2)是连接其他几个重要代谢途径的桥梁，包括三磷酸循环(TCA)、HMP 途径和 ED 途径等。

(3)为微生物合成提供多种中间代谢物。

(4)通过逆向反应可进行多糖合成。

5. 试述三羧酸循环在微生物产能和发酵生产中的重要性。

答：三羧酸循环是三大营养素(糖类、脂类、氨基酸)的最终代谢通路，又是糖类、脂类、氨基酸代谢联系的枢纽，因而在微生物代谢和发酵生产中具有十分重要的地位。

三羧酸循环的中间产物(如草酰乙酸、α－酮戊二酸、丙酮酸、乙酰 CoA 等)是合成糖、氨基酸、脂肪等的原料。柠檬酸、苹果酸等本身就是用发酵法生产的重要的食品、医药和化工原料。丙酮酸、α－酮戊二酸、延胡索酸可通过转氨反应生成丙氨酸、天冬氨酸和谷氨酸，从天冬氨酸出发，又可生成赖氨酸、苏氨酸和蛋氨酸。其他氨基酸也大多是从三羧酸循环中的中间产物或周边产物中生成的。由此，又可生成几乎所有种类的蛋白质和酶。由乙酰辅酶 A 出发，可生成脂肪酸，并与由丙酮酸而来的甘油结合，生成脂肪。通过微生物代谢调节和代谢控制，人们已经能够用微生物发酵法生产上百种产物，其中几乎都与三羧酸循环有关。

6. 试述生物氧化的形式、过程、功能及其类型。

答：(1)形式：某物质与氧结合、脱氢或失去电子。

(2)过程：一般包括三个环节。

①底物脱氢(或脱电子)作用(该底物称作电子供体或供氢体)。

②氢(或电子)的传递(需中间传递体，如 NAD、FAD 等)。

③氢受体接受氢(或电子)(最终电子受体或最终氢受体)。

(3)功能：产能(ATP)、产还原力[H]和产小分子中间还原产物。

(4)类型：呼吸、无氧呼吸、发酵。

7. HMP 途径在微生物代谢中的重要性及其与生产实践的关系。

答：HMP 途径在微生物代谢中有着极其重要的意义，具体表现在：

(1)供应合成原料：为核酸、核苷酸、$NAD(P)^+$、FAD(FMN)和 CoA 等的生物合成提供戊糖-磷酸；途径中的赤藓糖-4-磷酸是合成芳香族、杂环族氨基酸(苯丙氨酸、酪氨酸、色氨酸和组氨酸)的原料。

(2)产还原力：产生大量的 $NADPH_2$ 形式的还原力，不仅可供脂肪酸、固醇等生物合成之需，还可供通过呼吸链产生大量能量之需。

(3)作为固定的 CO_2 中介：是光能自养微生物和化能自养微生物固定 CO_2 的重要中介。

(4)扩大碳源利用范围：微生物利用 C3~C7 多种碳源提供了必要的代谢途径。

(5)连接 EMP 途径：通过与 EMP 途径的连接，为微生物合成提供更多的戊糖。

从微生物发酵生产的角度来看，通过 HMP 途径可提供许多重要的发酵产物，例如核苷酸、氨基酸、辅酶和乳酸(异型乳酸发酵)等。

8. 两用代谢途径有哪些？有何特点？

答：EMP、HMP、TCA 都是重要的两用代谢途径。特点包括：①在两用代谢途径中，合成途径并非分解途径的完全逆转。②在分解代谢与合成代谢途径的相应代谢步骤中，包含了完全不同的中间代谢物。③在真核生物中，合成代谢和分解代谢一般在细胞的不同区域中分隔进行；原核生物因其细胞结构上的间隔程度低，故反应的控制主要在简单的酶分子水平上进行。

9. 青霉素为何只能抑制代谢旺盛的细菌？其杀菌机制如何？

答：①原因：青霉素抑制肽聚糖的合成过程，形成破裂的细胞壁，代谢旺盛的细菌才存在肽聚糖的合成，因此此时有青霉素作用时细胞易死亡。

②作用机制：青霉素破坏肽聚糖合成过程中肽尾与肽桥间的转肽作用。

10. 试述嗜盐菌紫膜光合作用的基本原理。

答：细菌的视紫红质的功能与叶绿素相似，能吸收光能，并在光量子的驱动下起着质子泵的作用。这时，它将反应中产生的质子一一逐出细胞膜外，从而使紫膜内外形成一个质子梯度差。根据化学渗透学说，这一梯度差(即质子动势)在驱逐 H^+ 通过 ATP 酶的孔道进入膜内以达到质子平衡时，就会产生 ATP。当环境中 O_2 浓度很低时，嗜盐菌无法利用氧化磷酸化来满足其正常需求，若光照条件适宜，它就能合成紫膜，并利用紫膜的光介导 ATP 合成机制获得必要的能量。

11. 以金黄色葡萄球菌为例，试述其肽聚糖合成的途径。

答：根据肽聚糖合成反应部位的不同，可分为在细胞质中、细胞膜上和细胞膜外 3 个合成阶段。

(1)在细胞质中完成两步反应：①由葡萄糖合成 N－乙酰葡糖胺和 N－乙酰胞壁酸。②由 N－乙酰胞壁酸合成“Park”核苷酸。

(2)在细胞膜上的合成：由“Park”核苷酸合成肽聚糖单体是在细胞膜上进行的。因细胞膜属疏水性，故要把在细胞质中合成的亲水性分子——“Park”核苷酸掺入细胞膜并进一步接上乙酰葡糖胺和甘氨酸五肽“桥”，最后把肽聚糖单体插入细胞膜外的细胞壁生长点处，此过程需要借助类脂载体的运送。

(3)在细胞膜外的合成：因细胞分裂而促使一种称为自溶素(autolysin)的酶，解开细胞壁上的肽聚糖网套，于是，原有的肽聚糖分子成了新合成分子的引物。肽聚糖单体与引物分子间先发生转糖基作用使多糖链在横向上延伸一个双糖单位，然后再通过转肽酶的转肽作用，最终使前后 2 条多糖链间形成甘氨酸五肽“桥”而发生纵向交联。

12. 生物固氮需要满足哪些条件?

答：①ATP 的供应。②还原力[H]及其载体。③固氮酶：组分Ⅰ，真正“固氮酶”，又称钼铁蛋白(MF)、钼铁氧还蛋白(MoFd)；组分Ⅱ，(AzoFd)·固氮酶还原酶，不含钼，又称铁蛋白、固氮铁氧还蛋白。④还原性底物氮。⑤Mg^{2+}。⑥严格的厌氧微环境。

13. 简述好氧固氮菌的抗氧机制。

答：固氮酶对氧极其敏感，因此固氮作用必须在严格的厌氧条件下进行。大多数固氮菌是好氧菌，它们有以下一些保护固氮酶免受氧伤害的机制。

(1)呼吸保护：固氮菌属的许多细菌以其较强的呼吸强度迅速耗去固氮部位周围的氧，以使固氮酶处于无氧的微环境中而免受氧的伤害。

(2)构象保护：褐球固氮菌等有一种起着构象保护功能的蛋白质——Fe－S 蛋白质Ⅱ，在氧分压增高时，它与固氮酶结合，固氮酶构象发生改变并丧失固氮活力；一旦氧浓度降低，该蛋白便自酶分子上解离，固氮酶恢复原有的构象和固氮能力。

14. 何谓化能自养微生物，它们是如何合成细胞物质的?

答：化能自养微生物可以把环境中的无机物合成为自己需要的有机物，这一过程需要特定的酶，这些酶在微生物体内参与化学反应。如硝化细菌可以将大气中 NO_2 转化为自身需要的物质，并产生能以二氧化碳为碳源，利用无机化合物如铵、亚硝酸盐、硫化氢、铁离子等氧化过程中释放出的能量进行生长的微生物。主要类群有：硫细菌、硝化细菌、铁细菌等。它们的生长需要在有氧条件下进行，产甲烷菌大多能自养生活，它们以氢气作为能源，以二氧化碳作为碳源生长，产物是甲烷，我们称之为厌氧化能自养亚硝酸细菌(又称氨氧化菌)，将氨氧化成亚硝酸。硝酸细菌(又称硝化细菌)将亚硝酸氧化成硝酸，利用氧化释放的能量将无机物合成有机物供自身使用即化能自养微生物。

15. 简述反硝化作用及其生态学作用。

答：从广义上讲，反硝化作用指硝酸被还原成亚硝酸并进一步还原成氮气的过程。从狭义上讲，反硝化作用指由亚硝酸还原成氮气的过程。反硝化作用在氮素循环中有着重要的作用，硝酸盐是一种容易溶于水的物质，通常通过水从土壤流入水域中。如果没有反硝化作用，硝酸盐将在水中积累，会导致水质变坏与地球上氮素循环的中断。

16. 简述抗反馈调节突变株筛选的意义。

答：抗反馈调节突变株是指一种对反馈抑制不敏感或对阻遏有抗性的组成型菌株，或兼而有之的菌株。抗反馈调节突变株实质是解除了反馈抑制或反馈阻遏，因此，在这类突变株中，合成代谢途径也不再受代谢终产物的反馈调节，能够在终产物过量积累的情况下还不断合成该产物，从而可以大大提高这些终产物的合成量。抗反馈调节突变株在氨基酸、核苷酸和维生素等初级代谢产物的高产菌株选育中被广泛用。

六、综述题

1. 在化能异养微生物的生物氧化中，其基质脱氢和产能的途径主要有哪几条？试比较各途径的主要特点。

答：脱氢和产能的途径：EMP、HMP、ED、TCA。

(1)EMP 途径：是多种微生物所具有的代谢途径，其产能效率虽低，但生理功能极其重要：①供应 ATP 形式的能量和 $NADH_2$ 形式的还原力；②是连接其他几个重要代谢途径的桥梁，包括 TCA、HMP 途径和 ED 途径等；③为生物合成提供多种中间代谢物；④通过逆向反应可进行多糖合成。若从 EMP 途径与人类生产实践的关系来看，则它与乙醇、乳酸、甘油、丙酮和丁醇等的发酵生产关系密切。

(2)HMP 途径：葡萄糖不经 EMP 途径和 TCA 循环而得到彻底氧化，并能产生大量 $NADPH+H^+$ 形式的还原力以及多种重要中间代谢产物。

(3)ED 途径：是少数 EMP 途径不完整的细菌所特有的利用葡萄糖的替代途径。由于它可与 EMP 途径、HMP 途径和 TCA 循环等代谢途径相连，故可相互协调，满足微生物对能量、还原力和不同中间代谢产物的需要。运动发酵单胞菌(*Zymomonas mobilis*)能够在厌氧条件下直接利用 ED 途径代谢糖类产生乙醇。

(4)TCA 循环：这是一个广泛存在于各种生物体中的重要生物化学反应，在各种好氧微生物中普遍存在。主要特点：①氧虽不直接参与其中反应，但必须在有氧条件下运转。②丙酮酸在进入三羧酸循环之前要脱羧生成乙酰 CoA，乙酰 CoA 和草酰乙酸缩合成柠檬酸再进入三羧酸循环。③循环的结果是乙酰 CoA 被彻底氧化成 CO_2 和 H_2O，每氧化 1 分子的乙酰 CoA 可产生 12 分子的 ATP，草酰乙酸参与反应而本身并不消耗。④产能效率极高。⑤TCA 位于一切分解代谢和合成代谢中的枢纽地位。

2. 细菌的酒精发酵途径与酵母菌有何不同？有何优缺点？

答：假单胞菌属的一些细菌与酵母菌酒精发酵的途径不同，即按 ED 途径进行酒精发酵，ED 途径是存在于某些缺乏完整 EMP 途径的微生物中的一种替代途径，为微生物所特有。特点是葡萄糖只经过 4 步反应即可快速获得由 EMP 途径须经 10 步反应才能够形成的丙酮酸。这条途径的关键是 2 - 酮 - 3 - 脱氧 - 6 - 磷酸葡萄糖酸的裂解，分解为 3 - 磷酸甘油醛和丙酮酸。3 - 磷酸甘油醛可进入 EMP 途径转变成丙酮酸。丙酮酸脱羧成乙醛，乙醛又可进一步被 $NADH_2$ 还原为乙醇。酵母菌则利用 EMP 途径将葡萄糖分解为丙酮酸，然后在丙酮酸脱羧酶催化下脱羧形成乙醛，乙醛在乙醇脱氢酶作用下被还原为乙醇。

细菌的酒精发酵的优缺点如下：①优点：代谢速率高；产物转化率高；菌体生成少；代谢副产物少；发酵温度高；不必定期供氧；细菌为原核生物，易于用基因工程改造菌种；厌氧发酵，设备简单。②缺点：容易染杂菌；细菌耐乙醇能力比酵母菌低（细菌耐 7% 乙醇，酵母菌耐 8% ~ 10% 乙醇）；底物范围较窄（葡萄糖、果糖）。

3. 试分析为何微生物自身不会过量合成其不需要的代谢产物，并说明如何运用代谢调控理论使微生物过量合成有用代谢产物？请举例说明。

答：微生物在长期进化过程中，已发展出极其高效的代谢调节能力，通过其体内存在着自身的反馈抑制和阻遏作用，微生物可最经济地利用其营养物合成出能满足自己生长、繁殖所需要的一切中间代谢物，并做到既不缺乏也不剩余。为了打破这种反馈调节作用，可采用下述方法进行目的产物的积累。

（1）应用营养缺陷型菌株解除正常的反馈调节，如赖氨酸、肌苷酸的生产。

（2）应用抗反馈调节的突变菌株解除反馈调节。如黄色短杆菌的抗 α - 氨基 - β - 羟基戊酸（AHV）菌株能累积苏氨酸。

（3）控制细胞膜的渗透性。如在谷氨酸发酵生产中只要把生物素浓度控制在亚适量的情况下，才能分泌出大量的谷氨酸。

（4）发酵条件的调节：碳源、氮源、无机盐、通风量、pH 等。

4. 根据下图，试述谷氨酸棒杆菌从天冬氨酸出发积累赖氨酸的育种思路。

答：谷氨酸棒杆菌从天冬氨酸出发，通过分支代谢途径合成出赖氨酸、苏氨酸和甲硫氨酸。在代谢过程中，一方面由于赖氨酸对天冬氨酸激酶有反馈抑制作用，另一方面，由于天冬氨酸除用于合成赖氨酸外，还要作为合成甲硫氨酸和苏氨酸的原料，在正常的细胞内就难以积累较高浓度的赖氨酸。高丝氨酸缺陷菌株作为赖氨酸的发酵菌种，由于它不能合成高丝氨酸脱氢酶，故不能合成高丝氨酸也不能产生苏氨酸和甲硫氨酸，在补给适量高丝氨酸（或苏氨酸和甲硫氨酸）的条件下，可在含较高糖浓度和铵盐的培养基上，产生大量的赖氨酸。

第六章　微生物的生长及其控制

一、名词解释

1. 平板菌落计数法：把一定量稀释菌液浇注或涂布在固体培养基平板上，经培养后，每一活细胞就形成一个单菌落。用菌落形成单位数(cfu)乘以稀释度即可求得试样中所含的活菌数。

2. 同步生长：用同步培养的手段使细胞群体中各个个体处于分裂步调一致的生长状态。

3. 同步培养：同步培养即设法使某一群体中的所有个体细胞尽可能都处于同样细胞生长和分裂周期中，然后通过分析此群体在各阶段的生物化学特性变化，来间接了解单个细胞的相应变化规律。

4. cfu(菌落形成单位)：把稀释后的一定量菌样通过浇注或涂布的方法，让其内的微生物单细胞一一分散在琼脂平板上，待培养后，每一活细胞就形成一个单菌落，此即 cfu(菌落形成单位)。

5. 连续培养：当微生物以单批培养方式培养到指数期的后期时，一方面以一定速度连续流入新鲜培养基和新鲜空气，并立即搅拌均匀，同时利用溢流方式连续不断流出培养物，使培养器内微生物长期处在适宜的培养基中连续保持指数期生长，借以提高微生物的生长和代谢效率。

6. 典型生长曲线：定量描述等容积液体培养基中微生物群体生长规律的一条实验曲线，称生长曲线。

7. 恒浊器：恒浊器是一种根据培养器内微生物的生长密度，并借光电控制系统来控制培养液流速，以取得菌体密度高、生长速度恒定的微生物细胞的连续培养器。

8. 恒化器：恒化器是一种设法使培养液的流速保持不变，并使微生物始终在低于其最高生长速率的条件下进行生长繁殖的连续培养装置。

9. 专性好氧菌：必须在较高浓度分子氧的条件下才能生长，有完整的呼吸链，以分子氧作为最终氢受体，具有超氧化物歧化酶和过氧化氢酶的微生物。

10. 兼性厌氧菌：兼性厌氧菌是一类以在有氧条件下的生长为主，也可兼在无氧条件下生长的微生物。特点是在有氧时借呼吸产能，而在无氧条件下可借发酵或无氧呼吸产能，细胞含超氧化物歧化酶和过氧化氢酶。

11. 微好氧菌：只能在较低的氧分压(0.01～0.03 巴，正常大气中的氧分压为 0.2 巴)下才能正常生长的微生物，也可以通过呼吸链并以氧为最终氢受体而产能。

12. 耐氧菌：一类可在有氧条件下正常生长却不需氧，而仅借发酵和底物水平磷酸化产能的微生物。其细胞内存在超氧化物歧化酶和过氧化物酶。

13. 灭菌：采用强烈的理化因素使任何物体内外部的一切微生物永远丧失其生长繁殖能力的措施。

14. 消毒：消毒是一种采用较温和的理化因素，仅杀死物体表面或内部一部分对人体或动、植物有害的病原菌，而对被消毒的对象基本无害的措施。

15. 防腐：防腐是利用某种理化因素完全抑制霉腐微生物的生长繁殖，即通过制菌作用防止食品、生物制品等发生霉腐的措施。

16. 化疗：化疗是指利用具有高度选择毒力即对病原菌具有高度毒力而对其宿主基本无毒的化学物质来抑制宿主体内病原微生物的生长繁殖，借以达到治疗该宿主传染病的一种措施。

17. 抗生素：抗生素是一类由微生物或其他生物生命活动过程中合成的次生代谢产物或其人工衍生物，它们在很低浓度时就能抑制或干扰它种生物(包括病原菌、病毒、癌细胞等)的生命活动，因而可用作优良的化学治疗剂。

18. 最低抑制浓度：最低抑制浓度是评定某化学药物药效强弱的指标，指在一定条件下，某化学药物抑制特定微生物的最低浓度。

19. 抗代谢药物：抗代谢药物是一类在化学结构上与细胞内必要代谢物的结构相似，并可干扰正常代谢活动的化学物质。

20. 干热灭菌法：把金属器械或洗净的玻璃器皿放入电热烘箱内，在150～170℃下维持1～2h后，可达到彻底灭菌(包括细菌芽孢)的目的。

21. 巴氏消毒法：一般在60～85℃下处理15s至30min，主要用于牛奶、果酒等液态风味食品的消毒。

22. 间歇灭菌法：一般将培养基放在100℃下蒸煮15min，然后置37℃下过夜(诱使残留芽孢发芽)，次日再重复蒸煮、过夜，如此重复3d即可。

23. 石炭酸系数：在一定时间内，某化学药剂能杀死全部供试菌的最高稀释度与达到同效的石炭酸的最高稀释度之比，称为石炭酸系数。一般规定处理时间为10min，供试菌为伤寒沙门菌。

24. 二次生长现象：当培养基中同时含有速效碳源(或氮源)和迟效碳源(或氮源)时，微生物在生长过程中先利用完速效碳源(或氮源)后，再利用迟效碳源(或氮源)而出现两次生长的现象，称为二次生长现象。

25. 生长温度三基点：生长温度三基点指某微生物生长温度的三个重要指标，即最低生长温度、最适生长温度和最高生长温度。

二、填空题

1. 5～9
2. 最低生长温度，最适生长温度，最高生长温度
3. 延滞期，指数期，稳定期，衰亡期
4. 接种龄，接种量，培养基成分，种子损伤度
5. 对数
6. 60～85℃下处理15s至30min
7. 温度，氧气，pH
8. 专性好氧菌，兼性厌氧菌，微好氧菌，耐氧菌，厌氧菌
9. 恒浊法，恒化法
10. 消毒，灭菌，防腐，化疗
11. 干热灭菌，湿热灭菌
12. 巴斯德，果酒
13. 常规加压灭菌，连续加压灭菌
14. 环境条件诱导法，机械筛选法

15. 繁殖代数，生长速率常数，代时
16. 菌种，营养成分，营养物浓度，培养温度
17. 治标，治本
18. 试管斜面，琼脂平板，克氏扁瓶，茄子瓶
19. 高层琼脂柱，厌氧培养皿，亨盖特滚管技术，厌氧罐，厌氧手套箱
20. 试管液体培养，三角瓶浅层液体培养，摇瓶培养，台式发酵罐
21. 抗菌谱
22. 含 Cu、Zn 的 SOD，含 Fe 的 SOD，含 Mn 的 SOD
23. 单细胞蛋白的生产，石油脱蜡，污水处理

三、单项选择题

1. A　2. C　3. C　4. A　5. D　6. D　7. C　8. D　9. B　10. D

11. A　12. D　13. C　14. B　15. C　16. B　17. C　18. D　19. D　20. D

四、判断题（答 A 表示说法正确，答 B 表示说法不正确，不正确的题目须指出错误并修改）

1. （A）
2. （A）
3. （A）
4. （A）
5. （B）解析：在 10min 内杀死某微生物悬浮液群体所需的最低温度称为该微生物的致死温度。
6. （A）
7. （B）解析：表面活性剂是指对一切活细胞、病毒粒和生物大分子都有毒性，不能用作活细胞或机体内治疗用的化学药剂。
8. （B）解析：微生物生长的最适 pH 与合成某种代谢产物的 pH 是不一致的。
9. （A）
10. （A）
11. （A）
12. （A）
13. （B）解析：广谱抗生素能抑制革兰氏阳性、革兰氏阴性细菌，立克次体和衣原体。
14. （A）
15. （A）
16. （B）解析：同步培养是设法使某一群体中的所有个体细胞尽可能都处于同样细胞生长和分裂周期中。
17. （A）
18. （A）
19. （A）

20. (B) 解析：稳定期处于新繁殖的细胞数与衰亡的细胞数相等，或正生长与负生长相等的动态平衡之中。

21. (B) 解析：最适生长温度、pH 和通氧量并不是最适发酵温度、pH 和通氧量。

22. (A)

23. (A)

24. (A)

25. (A)

26. (B) 解析：通过间歇灭菌法也可以杀死芽孢。

27. (A)

五、问答题

1. 什么是典型生长曲线？它分为几期？划分的依据是什么？

答：定量描述一恒定容积液体培养基中微生物群体生长规律的一条实验曲线，称生长曲线。若接种的是少量纯种单细胞微生物，则其生长曲线会显示出 4 个明显生长期，此即典型生长曲线。根据微生物的生长速率常数，即每小时分裂次数的不同，一般可把典型生长曲线粗分为延滞期、指数期、稳定期和衰亡期 4 个时期。

2. 延滞期有何特点？出现的原因是什么？影响延滞期长短的因素有哪些？

答：延滞期的特点为：①生长速率常数为零；②细胞形态变大或增长，许多杆菌可长成丝状；③细胞内的 RNA 尤其是 rRNA 含量增高，原生质呈嗜碱性；④合成代谢十分活跃，核糖体、酶类和 ATP 的合成加速，易产生各种诱导酶；⑤对外界不良条件如 NaCl 溶液浓度、温度和抗生素等理化因素反应敏感。

出现延滞期的原因是由于接种到新鲜培养液的种子细胞中，一时还缺乏分解或催化有关底物的酶或辅酶，或是缺乏充足的中间代谢物。为产生诱导酶或合成有关的中间代谢物，就需要有一段用于适应的时间。

影响延滞期长短的因素很多，除菌种外，主要有 3 种：①接种龄；②接种量；③培养基成分。

3. 指数期有何特点？处于此期的微生物有何应用？

答：指数期的特点：①生长速率常数最大，因而细胞每分裂 1 次所需的时间——代时或原生质增加 1 倍所需的倍增时间最短；②细胞进行平衡生长，故菌体各部分的成分十分均匀；③酶系活跃，代谢旺盛。

指数期的微生物因其具有整个群体的生理特性较一致、细胞各成分平衡增长和生长速率恒定等优点，故是用于代谢、生理等研究的良好材料，是增殖噬菌体的最适宿主，也是发酵工业中用作种子的最佳材料。

4. 稳定期到来的原因有哪些？稳定期的生长规律对生产实践有什么重要的指导意义？

答：稳定期到来的原因：①营养物尤其是生长限制因子的耗尽；②营养物的比例失调，例如 C/N 比不合适等；③酸、醇、毒素或 H_2O_2 等有害代谢产物的累积；④pH、氧化还原势等物理化学条件越来越不适宜等。

稳定期的生长规律对生产实践有着重要的指导意义，例如，对以生产菌体或与菌体生长相平行的代谢产物(SCP、乳酸等)为目的的某些发酵生产来说，稳定期是产物的最佳收获期；对维生素、碱基、氨基酸等物质进行生物测定来说，稳定期是最佳测定时期。此外，通过对稳定期到来原因的研究，还促进了连续培养原理的提出和工艺、技术的创新。

5. 什么是连续培养？为何其连续时间总是有限的？

答：当微生物以单批培养的方式培养到指数期的后期时，一方面以一定速度连续流入新鲜培养基和通入无菌空气，并立即搅拌均匀；另一方面，利用溢流的方式，以同样的流速不断流出培养物。于是容器内的培养物就可达到动态平衡，其中的微生物可长期保持在指数期的平衡生长状态和恒定的生长速率上，于是形成了连续生长。

连续培养的连续时间是有限的，原因在于：①菌种易退化——由于长期让微生物处于高速率的细胞分裂中，故即使其自发突变概率极低，仍无法避免突变的发生，尤其当发生比原生产菌株营养要求降低、生长速率增高、代谢产物减少的负变类型时；②易污染杂菌——在长时期连续运转中，存在着因设备渗漏、通气过滤失灵等而造成的污染；③营养物的利用率一般低于单批培养。因此，连续发酵中的"连续"还是有限的，一般可达数月至一两年。

6. 什么是高密度培养，如何保证好氧菌的高密度培养？

答：微生物的高密度培养是指微生物在液体培养中细胞群体密度超过常规培养 10 倍以上时的生长状态或培养技术。

进行高密度培养的方法很多，应综合考虑和充分运用这些规律，以获得最佳效果。

(1)选取最佳培养基成分和各成分含量。

(2)补料。

(3)提高溶解氧的浓度。

(4)防止有害代谢产物的生成。

7. 试述 McCord 和 Fridovich 关于厌氧菌氧毒害的超氧化物歧化酶假说。

答：凡严格厌氧菌就无 SOD 活力，一般也无过氧化氢酶活力；所有具细胞色素系统的好氧菌都有 SOD 和过氧化氢酶；耐氧型厌氧菌不含细胞色素系统，但具有 SOD 活力而无过氧化氢酶活力。在此基础上，McCord 和 Fridovich 认为 SOD 的功能是保护好氧菌免受超氧化物阴离子自由基的毒害，从而提出了缺乏 SOD 的微生物必然只能进行专性厌氧生活的学说。

8. 影响加压蒸汽灭菌的主要因素有哪些？在实践中应如何正确处理？

答：(1)灭菌物体含菌量：含菌量越高，需要的灭菌时间越长。因此，用天然原料配制的培养基所需的灭菌时间要比组合培养基所需的灭菌时间长。

(2)灭菌锅内空气排除程度：灭菌锅是靠蒸汽的温度而不是单纯靠压力来达到灭菌效果的。混有空气的蒸汽与纯蒸汽相比，其压力与温度的关系很不相同。因此，使用加压蒸汽灭菌时，必须先彻底排尽锅内的空气。

(3)灭菌对象的 pH：灭菌对象的 pH <6.0 时，微生物易死亡，pH 在 $6.0 \sim 8.0$ 时，不易死亡。

(4)灭菌对象的体积：灭菌对象的体积大小因影响热传导速率和热容量，故会明显影响灭菌效果。在实验室工作中，在对大容量培养基灭菌时，必须注意相应延长灭菌时间。

(5)加热与散热速度：在加压灭菌时，一般只注意达到预定压力后的维持时间。事实上，由于季节的变化，或灭菌物件体积的大小，都会使“上磅”或“下磅”时间出现很大的差别，从而影响培养基成分的破坏程度，进一步还会影响研究工作的准确性和重演性，故应适当控制。

9. 抗药性的产生途径有哪些？

答：①产生一种能使药物失去活性的酶；②把药物作用的靶位加以修饰和改变；③形成救护途径即通过被药物阻断的代谢途径发生变异，而变为仍能合成原来产物的新途径；④使药物不能透过细胞膜包括通过酶的作用把药物改变成易外渗的衍生物，把药物变成不能进入细胞的衍生物，或改变细胞膜的透性以阻止药物透入等；⑤通过主动外排系统把进入细胞内的药物泵出细胞外。

10. 抗代谢药物的作用有哪些？

答：(1)与正常代谢物一起共同竞争酶的活性中心，从而使微生物正常代谢所需的重要物质无法正常合成，例如磺胺类。

(2)“假冒”正常代谢物，使微生物合成出无正常生理活性的假产物，如8－重氮鸟嘌呤取代鸟嘌呤而合成的核苷酸就会产生无正常功能的RNA。

(3)某些抗代谢药物与某一生化合成途径的终产物的结构类似，可通过反馈调节破坏正常代谢调节机制。例如，6－巯基腺嘌呤可抑制腺嘌呤核苷酸的合成。

六、综述题

1. 从历史的角度来看，微生物培养技术发展的轨迹有哪些特点？

答：(1)从少量培养到大规模培养。

(2)从浅层培养发展到厚层(固体制曲)或深层(液体搅拌)培养。

(3)从以固体培养技术为主到以液体培养技术为主。

(4)从静止式液体培养发展到通气搅拌式液体培养。

(5)从单批培养发展到连续培养，再到多级连续培养。

(6)从利用分散的微生物细胞发展到利用固定化细胞。

(7)从单纯利用微生物细胞到利用动、植物细胞进行大规模培养。

(8)从利用野生型菌种发展到利用变异株直至遗传工程菌株。

(9)从单菌发酵发展到混菌发酵。

(10)从低密度培养发展到高密度培养。

(11)从人工控制的发酵罐到多传感器、计算机在线控制的自动化发酵罐。

2. 简述高温对培养基成分的有害影响及其防治方法。

答：(1)有害影响：在加压蒸汽灭菌的同时，高温，尤其是长时间的高温除对培养基中的淀粉成分有促进糊化和水解等有利影响外，一般会给培养基的成分带来很多不利的影响，其中产生褐变的机制主要是由氨基化合物(氨基酸、肽、蛋白质)与羰基化合物(糖类)间发生复杂的梅拉特反应所引起的，它在导致培养基褐变的同时，还降低了有关营养物成分，故应设法避免。

(2)防治方法

1)采用特殊加热灭菌法：①对易破坏的含糖培养基进行灭菌时，应将糖液与其他成分做分别灭菌处理，待灭菌后再予以合并；②含 Ca^{2+} 或 Fe^{3+} 的培养基应与磷酸盐成分做分别灭菌处理，灭菌后再混合，这样就不易形成磷酸盐的沉淀；③对含有易被高温破坏成分(糖类等)的培养基，应进行低压灭菌(在 112℃，即 0.57kg/cm^2 下灭菌 15min)或间歇灭菌；④在大规模发酵工厂中，对培养基灭菌可采用连续加压蒸汽灭菌法。

2)过滤除菌法：对培养液中某些不耐热的成分有时可采用过滤除菌法除菌，这可利用各种滤器来达到目的，例如滤膜过滤装置、烧结玻璃板过滤器、石棉板过滤器、素烧瓷过滤器和硅澡土过滤器等。过滤除菌的缺点是无法滤除液体中的病毒和噬菌体。

3)其他方法：在配制培养基时，为防止发生沉淀，除水分外，一般应按配方中的成分逐一按序加入并使之溶解。此外，还可加入 0.01% EDTA 或 0.01% NTA 等螯合剂到培养基中，以防止金属离子发生沉淀。此外，还可用气体灭菌剂如氧化乙烯(即环氧乙烷)等对个别成分进行灭菌处理，然后再混入已灭菌的其他培养基成分中。

3. 简述进行高密度培养的具体方法。

答：(1)选取最佳培养基成分和各成分含量。

(2)补料：是 *E. coli* 工程菌高密度培养的重要手段之一。若在供氧不足时，过量葡萄糖会引起“葡萄糖效应”，并导致有机酸过量积累，从而使生长受到抑制。因此，补料一般应采用逐量流加的方式进行。

(3)提高溶解氧的浓度：实验指出，提高好氧菌和兼性厌氧菌培养时的溶氧量也是进行高密度培养的重要手段之一。大气中仅含 21% 的氧，若提高氧浓度甚至用纯氧或加压氧去培养微生物，就可大大提高高密度培养的水平。例如，有人用纯氧培养酵母菌，就可使菌体湿重达到 100g/L。

(4)防止有害代谢产物的生成：乙酸的产生对自身的生长代谢有抑制作用。为防止乙酸生成，可采用诸如选用天然培养基，降低培养基的 pH，以甘油代替葡萄糖作为碳源，加入甘氨酸、甲硫氨酸，降低培养温度(从 37℃下降至 26 ~ 30℃)，以及采用透析培养法去除乙酸等。

第七章　微生物遗传变异和育种

一、名词解释

1. 饰变：饰变是指外表的修饰性改变，即指一种不涉及遗传物质结构改变而只发生在转录、转译水平上的表型变化。

2. 营养缺陷型：营养缺陷型是指由于基因突变引起菌株在一些营养物质(如氨基

酸、维生素和碱基)的合成能力上出现缺陷，而必须在基本培养基中添加相应的物质才能正常生长的突变型。

3. 接合：供体菌(“雄性”)通过性菌毛与受体菌(“雌性”)直接接触，把 F 质粒或其携带的不同长度的核基因组片段传递给后者，使后者获得若干新遗传性状的现象。

4. F′菌株：当 Hfr 菌株内的 F 因子不正常切割而脱离其染色体时，可形成游离的但携带一小段染色体基因的 F 因子，含有这种 F 因子的菌株称为 F′菌株。

5. 诱变育种：诱变育种是指使用各种物理或化学因子处理均匀而分散的微生物细胞群，提高突变率，从中挑选出少数符合育种目的的突变株。

6. 感受态：感受态是指受体菌最易接受到外源 DNA 片段并实现转化的生理状态。

7. 准性生殖：准性生殖是指一种类似于有性生殖，但比有性生殖更为原始的一种两性细胞生殖方式，它可使同一生物的两个不同来源的体细胞经融合后，不通过减数分裂而导致低频率的基因重组。准性生殖常见于半知菌中。

8. 表型：表型是指某一生物体所具有的一切外表特征和内在特征的总和，是其遗传型在合适环境条件下通过代谢和发育而得到的具体表现。

9. 原养型：原养型一般指营养缺陷型突变株经回复突变或重组后产生的菌株，其营养要求在表型上与野生型相同，遗传型均用[A^+，B^+]表示。

10. 基因重组：基因重组或称遗传重组，是指两个独立基因组内的遗传基因通过一定的途径转移到一起，形成新的稳定基因组的过程。

11. 基因突变：泛指细胞内(或病毒体内)遗传物质的分子结构或数量突然发生的可遗传的变化，可自发或诱导产生。

12. 光复活作用：把经 UV 照射后的微生物立即暴露于可见光下时，可明显降低其死亡率的现象，称为光复活作用。

13. 移码突变：移码突变是指诱变剂会使 DNA 分子中的一个或少数几个核苷酸增添或缺失，从而使该部位后面的全部遗传密码发生转录和转译错误的一类突变。

14. 转导：转导是指通过完全缺陷或部分缺陷噬菌体的媒介，把供体细胞的 DNA 小片段携带到受体细胞中，通过交换与整合，从而使后者获得前者部分遗传性状的现象。

15. 转化：转化是指受体菌直接吸收了来自供体菌的 DNA 片段，通过交换与整合，从而获得部分新的遗传性状的现象。

16. 普遍性转导：通过极少数完全缺陷噬菌体对供体菌基因组上任何小片段 DNA 进行“误包”，而将其遗传性状传递给受体菌的现象。

17. 局限性转导：通过部分缺陷的温和噬菌体把供体菌的少数特定基因携带到受体菌，并与后者的基因组整合、重组，形成局限转导子的现象。

18. 转染：转染是指用提纯的病毒核酸去感染其宿主细胞或其原生质体，可增殖出一群正常病毒后代的现象。

19. 原生质体融合：通过人为的方法，使遗传性状不同的两细胞的原生质体进行融合，借以获得兼有双亲遗传性状的稳定的重组子的过程，称为原生质体融合。

20. Ames 实验：Ames 实验是指一种利用细菌营养缺陷型的回复突变来检测环境或

食品中是否存在化学致癌剂的简便方法。

21. 基本培养基：基本培养基是指仅能满足某些微生物的野生型菌株生长所需要的最低成分的组合培养基。

22. 完全培养基：完全培养基是指能满足一切营养缺陷型菌株营养需要的天然或半组合培养基。

23. 补充培养基：补充培养基是指只能满足相应的营养缺陷型突变株生长需要的组合或半组合培养基。

24. 转座因子：转座因子是指具有转座作用的一段脱氧核糖核酸(DNA)序列。

25. 溶源转变：溶源转变是指正常的温和噬菌体感染其宿主而使其发生溶源化时，因噬菌体的基因整合到宿主核基因组上，而使宿主获得了除免疫性外的新遗传性状的现象。

26. 流产普遍转导：经转导噬菌体的媒介而获得了供体菌 DNA 片段的受体菌，外源 DNA 在其内既不进行交换、整合和复制，也不迅速消失，而仅进行转录、转译和性状表达，这种现象称为流产普遍转导。

二、填空题

1. 经典转化实验，噬菌体感染实验，植物病毒重建实验
2. 变量试验，涂布试验，影印平板试验
3. 自发性，不对应性，稀有性，独立性，可诱变性，稳定性，可逆性
4. 单倍体，二倍体(双倍体)
5. 普遍，局限
6. 颠换
7. 转化，转导，接合，原生质体融合
8. 嘧啶二聚体
9. 红光或暗处，光复活
10. 缺失，重复，插入，易位，倒位，染色体数目的变化
11. 营养缺陷型，抗药性突变型，条件致死突变型
12. 阻遏蛋白
13. 转化
14. 组氨酸的营养缺陷型，野生型
15. 对链霉素的抗性，对链霉素的敏感性
16. 干燥，避光，缺氧，缺乏营养物，低温
17. 菌丝联结，形成异核体，核融合
18. 冷冻干燥保存法，液氮保存法

三、单项选择题

1. D　2. A　3. C　4. B　5. B　6. D　7. B　8. B　9. C　10. B
11. D　12. B　13. B　14. D　15. D　16. C　17. B　18. D　19. C　20. C
21. C　22. B　23. B　24. B　25. D　26. B

四、判断题(答 A 表示说法正确，答 B 表示说法不正确，不正确的题目须指出错误并修改)

1. (A)

2. (B)解析：营养缺陷型微生物只能在 CM 中生长。

3. (B)解析：吖啶类化合物是以移码突变的方式引起基因突变的。

4. (B)解析：在制备酵母原生质体时，可用蜗牛酶裂解细胞壁。

5. (B)解析：转导子是由转导作用而获得部分新遗传性状的重组细胞。

6. (B)解析：饰变是生物在环境条件改变时表现出来的一种不涉及遗传物质结构改变而只发生在转录、翻译水平上的表型变化。

7. (A)

8. (A)

9. (A)

10. (B)解析：当基因发生突变时，由该基因指导合成的蛋白质不一定发生改变。因为有产生同义突变、发生基因突变的碱基位于基因结构的非编码区或发生在真核生物基因结构的内含子内等情况。

11. (A)

12. (B)解析：质粒所含的基因对宿主细胞一般是非必需的，只是在某些特殊条件下，质粒能赋予宿主细胞以特殊的功能，从而使宿主得到生长优势。

13. (A)

14. (B)解析：处于感受态的细菌易于摄取转化因子的主要原因是细胞膜通透性增加。

15. (B)解析：按现代生物进化理论，抗性基因是出现在环境变化之前的，是特定的环境将其选择而保留下来的。

16. (B)解析：因为作为转染的病毒核酸绝不是作为供体基因的功能，被感染的宿主也绝不是能形成转化子的受体菌。

17. (B)解析：初生 F′菌株由 Hfr 异常释放生成，造成细胞染色体发生缺失，F 因子也缺失一段 DNA，因此还是单倍体，只有次生 F′菌株属于部分二倍体。

18. (B)解析：霉菌的基因重组，准性生殖属于偶然发生，其频率远低于有性生殖。

19. (A)

20. (A)

21. (A)

22. (B)解析：微生物某一基因的突变率是独立的，不会明显影响其邻近基因的突变率。

23. (A)

24. (B)解析：把供体细胞的小片段 DNA 携带到受体细胞中，通过交换与整合，使后者获得前者部分遗传性状的现象，称为转导。

25.（A）

五、简答题

1. 为什么微生物是遗传学研究的"明星"?

答：生命活动的基本规律，大多数是在研究微生物的过程中首先被阐明的。原因在于：①用于科研的微生物大多是单细胞，不需要进行细胞分离；②微生物的 DNA 不与蛋白质结合成染色质，有利于直接对 DNA 进行操作；③微生物的繁殖速度快，可以快速获得试验结果；④微生物的变异快，容易寻找对照；⑤微生物的多样性为人类了解生命起源和生物进化提供了依据。

2. 什么是基因重组，在原核微生物中有哪些方式可引起基因重组?

答：把两个不同性状个体内的遗传基因转移到一起，经遗传分子的重新组合后，形成新的遗传型个体的方式，称为基因重组。在原核微生物中，可通过转化、转导、接合、原生质体融合的方式进行基因重组。

3. 质粒广泛用于遗传育种工作的特点有哪些?

答：①体积小，易分离和操作；②环状，稳定；③独立复制；④拷贝数多；⑤存在标记位点，易筛选。因此，质粒早已被广泛用于各种基因工程领域中。

4. 简述真菌的准性生殖过程，并说明其意义。

答：菌丝连结→形成异核体→核融合形成杂合二倍体→体细胞交换和单倍体化。

意义：半知菌中基因重组的主要方式为一些没有有性过程但有重要生产价值的半知菌的育种工作提供了重要手段。

5. 简述营养缺陷型菌株的筛选步骤。

答：第一步，诱变剂处理。与一般诱变处理相同。

第二步，淘汰野生型。通过抗生素法或菌丝过滤法就可淘汰为数众多的野生型菌株，从而达到浓缩极少数营养缺陷型菌株的目的。

第三步，检出缺陷型。有夹层培养法，限量补充培养法，逐个检出法，影印平板法。

第四步，鉴定缺陷型。可借生长谱法进行。

6. 进行紫外线诱变处理时，应注意哪些问题以保证诱变效果?

答：①菌体应处于对数生长期。②照射距离要合适，不能太远，否则起不到诱变作用，也不能太近，否则菌体会死。③照射时间要恰当。④将菌体细胞制成合适浓度的菌悬液，用搅拌器不停搅拌，使辐射均匀。⑤在进行紫外线诱变处理时应注意避光，防止光复活作用。一般在红光下操作，在黑暗中培养。

7. 诱变育种应遵循什么原则?

答：进行诱变育种应遵循如下原则：

(1)选择简便有效的诱变剂。

(2)挑选优良的出发菌株：①选择发生过突变的菌株；②选择性状优良的菌株；③选择有正突变趋势的菌株。

(3)处理单孢子(单细胞)。

(4)选择合适的诱变剂量。

(5)充分利用复合处理的协同效应。

(6)利用和创造形态、生理与产量间的相关指标。

(7)设计高效筛选方案。

8. 试比较普遍性转导与局限性转导的异同。

答：相同点：均以噬菌体为媒介，导致遗传物质的转移。

差别：普遍转导通过极少数完全缺陷噬菌体对供体菌基因组上任何小片段DNA进行“误包”，而将其遗传性状传递给受体菌的现象，称为普遍转导。局限性转导：①只局限于传递供体菌核染色体上的个别特定基因，一般为噬菌体整合位点两侧的基因；②该特定基因由部分缺陷的温和噬菌体携带；③缺陷噬菌体是由于它在脱离宿主核染色体的过程中，发生低频率的误切或由于双重溶原菌的裂解而形成；④局限转导噬菌体要通过UV等因素对溶原菌的诱导并引起裂解后才能产生。

9. 为什么说溶原性转换与转导有本质的不同?

答：溶原性转换与转导有本质的不同，原因在于：①这是一种不携带任何外源基因的正常噬菌体；②是噬菌体的基因而不是供体菌的基因提供了宿主的新性状；③新性状是宿主细胞溶原化时的表型，而不是经遗传重组形成的稳定转导子；④获得的性状可随噬菌体的消失而同时消失。

10. 营养缺陷型菌株筛选的时候，淘汰野生型菌株的目的、原理及方法?

答：(1)目的：使缺陷型菌株得以富集，以利于检出。

(2)原理：限制营养成分使缺陷型细胞生长受抑制，野生型细胞在生长过程中被杀死或生长后被除去。

(3)方法：①抗生素法：有青霉素法和制霉菌素法等数种。青霉素法适用于细菌，其原理是青霉素能抑制细菌细胞壁的生物合成，因而可杀死能正常生长繁殖的野生型细菌，但无法杀死营养缺陷型细菌，从而达到“浓缩”后者的目的。制霉菌素法则适用于真菌，制霉菌素属于大环内酯类抗生素，可与真菌细胞膜上的甾醇发生作用，从而引起膜的损伤。因为它只能杀死生长繁殖期的酵母菌或霉菌等真菌，故也可用于淘汰相应的野生型菌株和“浓缩”营养缺陷型菌株。②菌丝过滤法：适用于进行丝状生长的真菌和放线菌。其原理是：在基本培养基中，野生型菌株的孢子能发芽成菌丝，而营养缺陷型菌株的孢子则不能。因此，将诱变剂处理后的大量孢子放在基本培养基上培养一段时间后，再用滤孔较大的擦镜纸过滤。如此重复数遍后，就可去除大部分野生型菌株，从而达到了“浓缩”营养缺陷型菌株的目的。

11. 简述基因工程的基本操作。

答：①目的基因的取得；②优良载体的选择；③目的基因与载体DNA的体外重组；④重组载体导入受体细胞；⑤重组受体细胞的筛选和鉴定；⑥“工程菌”或“工程细胞”的大规模培养。

12. 什么是菌种复壮?

答：狭义的菌种复壮仅是一种消极的措施，指的是在菌种已发生衰退的情况下，通过纯种分离和测定典型性状、生产性能等指标，从已衰退的群体中筛选出少数尚未退化的个体，以达到恢复原菌株固有性状的相应措施。而广义的菌种复壮则应是一项积极的措施，即在菌种的典型特征或生产性状尚未衰退前，就经常有意识地采取纯种分离和生产性状的测定工作，以期从中选择出自发的正变个体。

13. 如何防止菌种退化?

答：根据菌种退化的原因，要有针对性地采取以下措施：

(1)合理育种，选育菌种时所处理的细胞应使用单核细胞，避免使用多核细胞；合理选择诱变剂的种类和剂量或增加突变位点，以减少分离回复；在诱变处理后进行充分的后培养及分离纯化，以保证保藏菌种纯粹，有效防止菌种退化。

(2)选用合适的培养基，选取营养相对贫乏的培养基作为菌种保藏培养基。

(3)创造良好的培养条件，在生产实践中，创造和发现一个适合原种生长的条件可以防止菌种退化，如低温、干燥、缺氧等。

(4)控制传代次数，由于微生物存在着自发突变，而突变都是在繁殖过程中发生而表现出来的。

(5)利用不同类型的细胞进行移种传代，在有些微生物中，如放线菌和霉菌，由于其菌的细胞常含有几个核甚至是异核体，因此用菌丝接种就会出现不纯和衰退，而孢子一般是单核的，用它接种时，就不会发生这种现象。

(6)采用有效的菌种保藏方法，用于工业生产的微生物菌种，其主要性状都属于数量性状，而这类性状是最容易退化的。因此，有必要研究和制订出更有效的菌种保藏方法以防止菌种退化。

14. 菌种保藏的原理是什么?常见的菌种保藏方法有哪些?

答：微生物菌种保藏的原理是在干燥、低温、缺氧、避光和缺乏营养等环境条件下，使其处于代谢不活泼状态。

常见的菌种保藏方法有冰箱保藏法、石蜡油封保藏法、甘油悬液保藏法、砂土保藏法、冷冻干燥保藏法。

六、综述题

1. 什么叫原生质体融合?它的基本操作及优点有哪些?

答：通过人为的方法，使遗传性状不同的两个细胞的原生质体进行融合，借以获得兼有双亲遗传性状的稳定重组子的过程，称为原生质体融合。这样产生的杂种细胞兼有两个亲本的遗传物质，通过组织培养就能产生杂种个体或杂种细胞群。

原生质体融合的主要操作步骤是：先选择两株有特殊价值、并带有选择性遗传标记的细胞作为亲本菌株置于高渗溶液中，用适当的脱壁酶去除细胞壁，再将形成的原生质体进行离心聚集，加入促融合剂 PEG 或借电脉冲等因素促进融合，然后用等渗溶液稀释，再涂在能促使它再生细胞壁和进行细胞分裂的基本培养基平板上，待形成菌落后，再通过影印平板法，把它接种到各种选择培养基平板上，检验它们是否为稳定的融合子，最后再测定其有关生物学性状或生产性能。

优点：①原生质体融合的重组频率可大于 10^{-1}；诱变育种一般仅为 10^{-6}；②实现同种不同菌株间或种间原生质体融合，属间科间甚至更远缘的微生物或高等生物细胞间的融合，以期达到生产性状更为优良的新物种的目的。

2. 如何通过诱变技术获得一株 Lys^- 的大肠杆菌菌株？简要写出你的技术路线并说明营养缺陷型菌株有哪些应用。

答：Lys^- 营养缺陷型菌株的筛选过程：①出发菌株的选择(野生型大肠杆菌)；②诱发突变(物理化学诱变)；③淘汰野生型菌株(抗生素法)；④检出营养缺陷型；⑤鉴定营养缺陷型 5 个环节。将筛选得到的缺陷型菌株分别涂在不加任何氨基酸的基本培养基和加有赖氨酸的基本培养基上，过夜培养一段时间后观察，若前者不长后者长出菌落，即为赖氨酸缺陷型。

营养缺陷型菌株的应用：①可作为标记菌种；②利用缺陷型菌株可以获得某些代谢的中间产物，因此在生产上可作为生产菌种、氨基酸、核苷酸等；③作为氨基酸、维生素、碱基的测定菌株；④营养缺陷型菌株在杂交育种中是不可缺少的工具；⑤可以用来研究生物合成途径。

3. 试述 Ames 实验的原理、应用、影响因素及对于此方法的评价。

答：Ames 实验是一种利用细菌营养缺陷型的回复突变来检测环境或食品中是否存在化学致癌剂的简便有效方法。此法测定潜在化学致癌物是基于以下原理：鼠伤寒沙门菌的组氨酸营养缺陷型菌株在基本培养基的平板上不能生长，如发生回复突变，变成原养型后则能生长，形成肉眼可见的菌落，由此判断受试物是否为致突变物。

在本实验中还应注意两点：①因许多化学物质原先并非诱变剂或致癌剂，只有在进入机体并在肝的解毒过程中，受到肝细胞中一些加氧酶(oxygenase)的作用，才形成有害的环氧化物或其他激活态化合物，故实验中先要加入鼠肝匀浆液保温；②所用的实验菌株除需要用营养缺陷型菌株外，还应是 DNA 修复酶的缺陷型。

Ames 实验的优点是方法灵敏，检出率高，经此实验有 90% 的化学致癌物都可获得阳性结果；加之实验方法简便、易行，不需特殊器材，容易推广。缺点是微生物的 DNA 修复系统比哺乳动物简单，基因不如哺乳动物多，不能完全代表哺乳动物的实际情况。目前 Ames 实验作为检测环境诱变剂的一组实验中的首选，广泛用于致突变化学物质的初筛。

4. 什么是菌种衰退？菌种衰退的原因是什么？

答：生产菌株生产性状的劣化或遗传研究菌株遗传标记的丢失称为菌种衰退。菌种衰退是发生在微生物细胞群中一个由量变到质变的逐步演化过程。开始时，在一个大群体中仅个别细胞发生自发突变(一般均为负变)，这时如不及时发现并采取有效措施，而仍一味地移种、传代，则群体中这种负变个体的比例就会逐步增大，最后会发展成为优势群体，从而使整个群体表现出严重的衰退。

菌种衰退的原因：

(1)自发突变菌种衰退的主要原因是有关基因的负突变。

(2)通过诱变获得的高产菌株本身不纯，高产突变只发生在一个核上，随着核的分离，原来未变异的低产性状逐渐恢复。单核微生物由于高产突变只发生在一条 DNA 链上，也往往发生分离回复的现象。

(3)培养、保藏条件可以通过对自发突变率的影响来表现，也可在不改变基因的情况下表现。

5. 试述 CRISPR/Cas9 系统的定义、组成、作用机制及应用。

答：CRISPR/Cas9 是一种建立在上述细菌和古菌的 CRISPR 免疫机制基础上的第三代基因编辑技术。由核酸酶 Cas9 和 crRNA(CRISPR derived RNA)向导 RNA 组成。其中 Cas 蛋白(CRISPR associated protein)是一类双链核酸酶，具多种亚型，它具有剪切靶标 DNA 的功能，通过 Cas 剪切，既可敲除不需要的基因，也可将新基因插入新间隔中。在基因编辑中常用的 Cas9 来自 Streptococcus pyogenes(酿脓链球菌)的 Cas9 基因，尤其适合哺乳动物和人体细胞的基因编辑工作。它利用 crRNA 做向导，借助 Cas9 对目的基因的特定位点进行剪切、添加等精确操作，达到对活细胞的基因组进行简便、快速、高效改造的目的。crRNA 通过碱基配对与 traRNA(反向活化 RNA，trans activating RNA)相结合，形成的 tracrRNA 复合物可引导 Cas9 到与 crRNA 配对的双链 DNA 的靶点上，以完成特异性识别和剪切功能。三代基因编辑技术 CRISPR/Cas 的出现为人类基因编辑提供了新的可能性，随着近年来分子生物学的快速发展，它已广泛应用于许多领域，特别是在遗传病治疗、疾病相关基因的筛选和检测、肿瘤治疗、动植物转化以及病原微生物的预防等领域具有巨大的潜力，可以有效改善人类的生活质量。

第八章　微生物的生态

一、名词解释

1. 微生物生态学：微生物生态学是生态学的一个分支，它的研究对象是微生物生态系统的结构及其与周围生物和非生物环境系统间相互作用的规律。

2. 微生物组：在微生物群落中，所有成员及其遗传信息和生命功能的集合体，称为微生物组。

3. 水体的自净作用：在自然水体尤其是快速流动、氧气充足的水体中，存在着水体对有机或无机污染物的自净作用。这种“流水不腐”的实质，除物理性的沉淀、扩散、稀释和化学性的氧化作用外，主要是生物学和生物化学的作用，包括好氧菌对有机物的降解和分解作用，原生动物对细菌的吞噬作用，噬菌体对宿主的裂解作用，细菌糖被(荚膜等黏性物质)对污染物的吸附、沉降作用，藻类对无机元素的吸收利用，以及浮游动物和一系列后生动物通过食物链对有机物的摄取和浓缩作用等。

4. 生物气溶胶：含有微生物细胞、孢子或病毒粒的气溶胶称为生物气溶胶。

5. 霉腐微生物学：研究各种工农业产品上有害微生物的分布、种类、霉腐机制及其防治方法的微生物学分支，称为霉腐微生物学。

6. 极端微生物：在自然界中，存在着一些绝大多数生物都无法生存的极端环境，诸如高温、低温、高酸、高碱、高盐、高毒、高渗、高压、干旱或高辐射强度等环境。凡依赖于这些极端环境才能正常生长繁殖的微生物，称为嗜极菌或极端微生物。

7. 菌根：菌根是真菌与植物的根系形成的一类特殊共生体，具有改善植物营养、调节植物代谢和增强植物抗病能力等功能。大部分植物都长有菌根，菌根分为外生菌根和内生菌根两大类，后者又可分为 6 个主要亚型，但以丛枝状菌根最为重要。

8. 共生：共生指两种生物共居在一起，相互分工、相互合作、相依为命，甚至形成独特结构，达到难分难解、合二为一的极其紧密的一种相互关系。

9. 互生：两种可独立生活的生物，当它们在一起时，通过各自的代谢活动而有利于对方，或偏利于一方的相互关系，称为互生，这是一种“可分可合，合比分好”的松散的相互关系。

10. 拮抗：拮抗又称抗生，指由某种生物所产生的特定代谢产物可抑制他种生物的生长发育甚至杀死它们的一种相互关系。

11. 寄生：寄生指一种小型生物生活在另一种较大型生物的体内(包括细胞内)或体表，从中夺取营养并进行生长繁殖，同时使后者蒙受损害甚至被杀死的一种相互关系。前者称为寄生物，后者则称为宿主或寄主。寄生又可分为细胞内寄生和细胞外寄生，或专性寄生和兼性寄生等数种。

12. 捕食：捕食又称猎食，一般指一种大型生物直接捕捉、吞食另一种小型生物以满足其营养需要的相互关系。

13. 根际微生物：根际微生物又称根圈微生物，生活在植物根系邻近土壤，依赖根系的分泌物、外渗物和脱落细胞而生长，一般是对植物发挥有益作用的正常菌群，多数为 G^-。

14. 硝化作用：氨态氮经硝化细菌的氧化，转变为硝酸态氮的过程，称为硝化作用。此反应必须在通气良好、pH 接近中性的土壤或水体中才能进行。硝化作用分为两个阶段：①氨氧化为亚硝酸，由化能自养菌亚硝化细菌引起；②亚硝酸氧化为硝酸，由一群化能自养菌硝酸化细菌(nitrobacteria)引起。

15. 反硝化作用：反硝化作用又称脱氨作用，指硝酸盐转化为气态氮化物(N_2 和 N_2O)的作用。反硝化作用会引起土壤中氮肥严重损失，因此对农业生产十分不利。

16. 富营养化：富营养化是指水体中因氮、磷等元素含量过高而导致水体表层蓝细菌和藻类过度生长繁殖的现象。这时，下层水体不仅缺光少氧，而且因大量死藻被细菌分解而进一步造成缺氧和有毒的环境。水华和赤潮就是由水体的富营养化而造成的两类典型的水污染现象。

17. BOD：BOD 即“生化需氧量”或“生化耗氧量”，又称生物需氧量，是水中有机物含量的一个间接指标。一般指在 1L 污水或待测水样中所含的一部分易氧化的有机物，当微生物对其氧化、分解时，所消耗的水中溶解氧质量(其单位为 mg/L)。BOD 的测定条件一般规定在 20℃ 下 5 昼夜，故常用 BOD_5(5 日生化需氧量)符号来表示。我国对地面水环境质量标准的规定为：一级水 BOD_5 值 <1mg/L，二级水 BOD_5 值 <3mg/L，三级水 BOD_5 值 <4mg/L，若 BOD_5 值 >10mg/L，表示该水已严重污染，鱼类无法生存。

18. COD：COD 即化学需氧量，是表示水体中有机物含量的一个简便的间接指标，指 1L 污水中所含的有机物在用强氧化剂将它氧化后，所消耗氧的质量(单位为 mg/L)。常用的化学氧化剂有 $K_2Cr_2O_7$ 或 $KMnO_4$，但前者的氧化力更强，能使水体中 80% ~ 100% 的有机物迅速氧化，故被优先选用，由此测得的 COD 值应标以“CODcr”。此法较测 BOD_5 值更为快速简便。同一水样，其 BOD_5 和 COD 值并不相等，但它们间有一定的比例关系。

19. TOD：TOD 即总需氧量，指污水中能被氧化的物质(主要是有机物)在高温下燃烧变成稳定氧化物时所需的氧量。TOD 是评价某水质的综合指标之一，与测 BOD 或 COD 相比，具有快速、重现性好等优点，但需用灵敏的检测仪器来测定。

20. DO：DO 即溶解氧量，指溶于水体中的分子态氧，是评价水质优劣的重要指标之一。DO 值大小是水体能否进行自净作用的关键。天然水的 DO 值一般为 5～10mg/L。我国规定地面水水质的合格标准为 DO 值 >4mg/L。

21. TOC：TOC 即总有机碳含量，指水体内所含有机物中的全部有机碳的量。可通过把水样中的所有有机物全部氧化成 CO_2 和 H_2O，然后测定生成 CO_2 的量来计算。

22. 活性污泥：活性污泥指一种由活细菌、原生动物和其他微生物群聚集在一起组成的凝絮团，在污水处理中具有很强的吸附、分解有机物或毒物的能力。

二、填空题

1. 化能自养
2. 细菌($\sim 10^8$) > 放线菌($\sim 10^7$，孢子) > 霉菌($\sim 10^6$，孢子) > 酵母菌($\sim 10^5$) > 藻类($\sim 10^4$) > 原生动物($\sim 10^3$)
3. 100，500，100，3，1
4. 霉变，腐朽，腐烂，腐蚀
5. AFT，T2
6. 洗涤剂
7. 生物抗辐射，DNA 修复机制
8. 10^{14}，10
9. 采集菌样，富集培养，纯种分离，性能测定，菌种保藏
10. 光合作用，有机酸
11. 寄生
12. 微生物杀虫剂，生物农药
13. 原生动物，细菌，藻类
14. 沉积循环
15. 治理“三废”，消除公害，环境保护，走可持续发展之路
16. 1，4
17. 氧化塘法，洒水滤床法，活性污泥法，生物被膜法，厌氧消化法
18. 完全混合曝气法，生物转盘法
19. 好氧，耐高温
20. 甲烷，CO_2，H_2，N_2
21. 呼吸链，分子氧，光能

三、单项选择题

1. A　2. D　3. A　4. D　5. A　6. B　7. D　8. D　9. D　10. B
11. B　12. B　13. B　14. B　15. C　16. B　17. B　18. A　19. A　20. A

21. D　22. A　23. D　24. D　25. A　26. D　27. D

四、判断题（答A表示说法正确，答B表示说法不正确，不正确的题目须指出错误并修改）

1. （B）解析：近年来，海洋深渊区除不断发现有种类丰富、数量庞大的动物和底栖生物外，还发现存在丰度、多样性和代谢活性都非常高的微生物世界。

2. （A）

3. （A）

4. （A）

5. （B）解析：AFT并不直接致癌，它要在人或动物体内经代谢活化后才起致癌作用。

6. （A）

7. （A）

8. （A）

9. （B）解析：菌群之间是拮抗关系。在密封容器中，当好氧菌和兼性厌氧菌消耗了其中的残存氧气后，就为各种乳酸细菌等厌氧菌的生长、繁殖创造了良好的条件。通过它们产生的乳酸对其他腐败菌的拮抗作用才保证了泡菜或青贮饲料的风味、质量和良好的保藏性能。

10. （A）

11. （A）

12. （A）

五、简答题

1. 为什么土壤被称为微生物的天然培养基？

答：土壤具备了各种微生物生长发育所需要的营养、水分、空气、酸碱度、渗透压和温度等条件，给微生物生活提供了良好环境。所以说土壤是微生物的“天然培养基”，也是它们的“大本营”，对人类来说，则是最丰富的菌种资源库。

2. 水体中微生物区系情况的差异主要是由于哪些因素不同导致的？

答：水体中微生物区系情况的差异因素包括水体中所含有机物、无机物、氧、毒物、光照、酸碱度、温度、水压、流速、渗透压和生物群体等，因为这些因素在不同水体中有明显差别，可把水体分成许多类型，各种水体又有其相应的微生物区系。

3. 为什么可以通过检验水中大肠菌群数来判断是否符合饮用水标准？

答：检验饮用水的微生物种类主要采用以*E. coli*为代表的大肠菌群数为指标的大肠菌群试验。因为这类细菌是恒温动物肠道中的正常菌群，数量极多，用它作为指标可以灵敏地推断该水源是否曾与动物粪便接触以及污染程度如何，由此即可避免直接去计算出数量极少的肠道传染病（霍乱、伤寒、痢疾等）病原体所带来的难题。

4. 简述防止工业产品霉腐的方法。

答：①尽量减少产品上的微生物本底数；②通过良好的包装，将产品存放于不利于微生物生长繁殖的条件（如低温、干燥、无氧等）下；③在产品的生产、加工、包装、储运、销售等环节中，始终保持无菌、无尘和不利于微生物生长、繁殖的条件。

5. 简述微生态学的研究内容以及人体的微生态系统。

答：微生态学旨在从细胞和分子水平上研究微观层次上的生态学规律，其任务是：①研究正常菌群的本质及其与宿主间的相互关系；②阐明微生态平衡与失调的机制；③指导微生态制剂的研制，以用于调整人体的微生态平衡。

人体共有5大微生态系统，包括消化道、呼吸道、泌尿生殖道、口腔和皮肤，其中尤以消化道最引人注目。据报道，在胃肠中的微生物数量占了人体总携带量的78.7%。在一般情况下，正常菌群与人体保持着一个十分和谐的平衡状态，在菌群内部各微生物间也相互制约，维持稳定、有序的相互关系。人体与正常菌群之间是互生关系。

6. 简述附生微生物的定义、种类、对植物的作用及人类应用。

答：附生微生物生活在植物地上部分表面，以植物外渗物质或分泌物质作为营养，主要为叶面微生物。鲜叶表面一般含 10^6 个/克细菌，还有少量酵母菌和霉菌，放线菌则很少。附生微生物具有促进植物发育(如固氮等)、提高种子品质等有益作用，也可能引起植物腐烂甚至致病等有害作用。一些蔬菜、牧草和果实等表面存在的乳酸菌、酵母菌等附生微生物，在泡菜和酸菜的腌制、饲料的青贮以及果酒酿造时，还起着天然接种剂的作用。

7. 谈谈自然界硫素循环中微生物对工业、农业的影响表现在哪些方面。

答：微生物不仅在自然界硫元素的循环中发挥了巨大作用，而且还与硫矿的形成，地下金属管道、舰船和建筑物基础的腐蚀，铜、铀等金属的细菌沥滤，以及农业生产等都有密切的关系。在农业生产上，微生物硫化作用产生的硫酸，不仅是植物的硫素营养源，而且还有助于磷、钾等营养元素的溶出和利用。当然，在通气不良的土壤中发生硫酸盐还原时，产生的 H_2S 会引起水稻烂根等毒害，应予以防治。

8. 什么是细菌沥滤，其优缺点有哪些?

答：细菌沥滤又称细菌浸矿或细菌冶金，其原理是利用化能自养细菌对金属矿物中的硫或硫化物进行氧化，使它不断生产和再生酸性浸矿剂，并让低品位矿石中的铜等金属以硫酸铜等形式不断溶解出来，然后再采用电动序较低的铁等金属粉末进行置换，以此获取铜等有色金属或稀有金属。其优点是投资少、成本低、操作简便、污染少以及规模可大可小，尤其适用于贫矿、废矿、尾矿或火冶矿渣中金属的浸出；缺点是周期长、矿种有限以及不适宜高寒地带使用等。

9. 简述在实践中用微生物处理污水的原理。

答：用微生物处理污水的过程，实质上就是在污水处理装置这一小型人工生态系统内，利用不同生理、生化功能微生物间的代谢协同作用而进行的一种物质循环过程。当高BOD的污水进入该系统后，污水作为特殊"选择培养基"，其中自然菌群(或接种部分人工特选菌种)在充分供氧条件下，污水性质和成分随着时间的推移发生着有规律的微生物群演替，待系统稳定后，即成了一个良好的混菌连续培养器。它可保证污水中的各种有机物或毒物不断发生降解、分解、氧化、转化或吸附、沉降，从而达到消除污染和分层的处理效果——气体自然逸出，低BOD的处理水重新流入河道，而残留的少量固态废渣（活性污泥或脱落的生物被膜）则可进一步通过厌氧发酵（即污泥消化或沼气发酵）产生沼气燃料和有机肥供人们利用。

10. 简述利用发光细菌监测环境污染的原理和优点。

答：发光细菌其生物发光的生化反应是 $NADH_2$ 中的［H］先传递给黄素蛋白以形成 $FMNH_2$，然后其中的［H］不经过呼吸链而直接转移给分子氧，能量以光能形式释放。发光细菌在一定的测试条件下发光强度是恒定的，与外来受试物接触后，由于毒物具有影响发光的作用，发光细菌的发光强度即有所改变。变化的程度与受试物的浓度在一定范围内成相关关系，同时与该物质的毒性大小有关。细菌发光的强度还受环境中氧浓度的影响。利用发光细菌来检测有毒物质，费时较短，灵敏度高，操作简便，结果准确，只要用灵敏的光电测定仪器就可以方便地检测试样的污染程度或毒物的毒性强弱。

六、综述题

1. 请你谈谈研究微生物的生态规律有哪些重要的理论意义和实践价值。

答：研究微生物的分布规律有利于发掘丰富的菌种资源，推动进化、分类的研究和开发应用。研究微生物与他种生物间的相互关系，有助于开发新的微生物农药、微生物肥料和微生态制剂，并为发展混菌发酵、生态农业以及积极防治人和动、植物的病虫害提供理论依据。研究微生物在自然界物质循环中的作用，有助于阐明地质演变和生物进化中的许多机制，也可为探矿、冶金、提高土壤肥力、治理环境污染、开发生物能源和促进大自然的生态平衡等提供科学的基础。此外，在当前人类社会中，生态学理论还是协调国际、国家、地区间各种关系和制定重大政策的重要依据。

2. 请说说常见的淡水型水体都有哪些？其中分布的微生物情况如何。

答：常见的淡水型水体有：

（1）没有污染的山间小溪、河流、湖泊等。这类水体中有机物含量低，以化能自养微生物和光能自养微生物为主，如硫细菌、铁细菌、衣细菌、蓝细菌和光合细菌等。少量异养微生物也可生长，但都属于只在低浓度（1 ~ 15mg C/L）的有机质的培养基上就可正常生长的贫营养细菌（或寡营养细菌）。

（2）流经城、镇的河水，下水道污水，富营养化的湖水等。这类水体中含有大量外来有机物，同时还夹带大量腐生细菌，所以能引起腐败型水生微生物和原生动物大量繁殖，每毫升含菌量可达 $10^7 \sim 10^8$ 个，主要是各种肠道杆菌、芽孢杆菌、弧菌和螺菌等。

（3）在较深的湖泊或水库等淡水生境中，因光线、溶氧和温度等的差异，微生物呈明显的垂直分布带：①沿岸区或浅水区，此处因阳光充足和溶氧量大，故适宜蓝细菌、光合藻类和好氧性微生物的生长；②深水区，此区因光线微弱、溶氧量少和硫化氢含量较高等原因，故只有一些厌氧光合细菌（紫色和绿色硫细菌）和若干兼性厌氧菌可以生长；③湖底区，这里由严重缺氧的污泥组成，只有一些厌氧菌才能生长，如产甲烷菌等。

3. 为什么说嗜热菌在生产实践和科学研究中有着广阔的应用前景？

答：嗜热菌具有生长速率快、代谢活动强、产物/细胞的质量比高和培养时不怕杂菌污染等优点，特别是由其产生的嗜极酶因作用温度高、热稳定性好、对化学变性剂的抗性强、高底物浓度、低黏稠度、低污染率以及在中温受体生物中表达的产物易于纯化等突出优点，已在 PCR 等科研和厌氧高温乙醇发酵等应用领域中发挥着越来越重要的作用。

4. 请说说什么是无菌动物以及它们的科研价值。

答：凡在其体内外不存在任何正常菌群的动物，称为无菌动物。它是在无菌条件下，将剖宫产的哺乳动物（鼠、兔、猴、猪、羊等）或特别孵育的禽类、斑马鱼、果蝇等实验动物，放在无菌培养器中进行精心培养而成的。无菌动物最初起始于 1928 年。用无菌动物进行实验，可排除正常菌群的干扰，从而使人们可以更深入、更精确地研究动物的免疫、营养、代谢、衰老和疾病等科学问题。

5. 请说说氮元素在自然界中存在的形式，以及他们是如何循环的？

答：氮元素及其化合物的种类和化合价为：$R-NH_2(-3)$、$NH_3(-3)$、$N_2(0)$、$N_2O(+1)$、$NO(+2)$、$NO_2^-(+3)$、$NO_2(+4)$和 $NO_3^-(+5)$，主要形式有氨和铵盐、亚硝酸盐、硝酸盐、有机含氮物和气态氮 5 类。其中，前 3 类呈高度水溶性，是植物和大部分微生物的良好氮素营养，存在于岩石圈的基岩中，必须通过长期自然风化待形成土壤后，才能少量释放；第 4 类是各种活的或死的含氮有机物，在自然界中含量也很少，它必须通过微生物的分解才能重新被绿色植物等所利用；第 5 类即气态氮是自然界最为丰富的氮元素库，只有极少数的原核固氮生物才能利用它。氮元素的循环详见图 8－1。

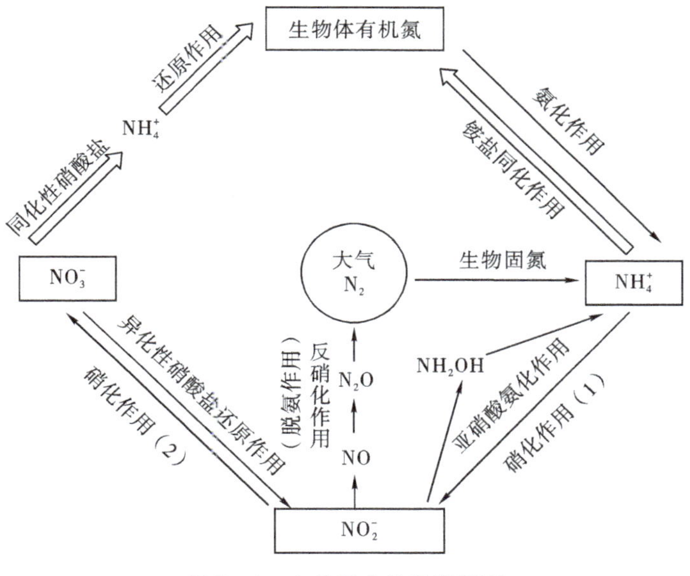

图 8－1　自然界中的氮素循环

引自：周德庆. 微生物学教程. 4 版. 北京：高等教育出版社，2020.

6. 什么是沼气发酵？简述其过程。

答：沼气又称生物气，是一种混合可燃气，主要成分是甲烷，另有部分 CO_2 和少量的 H_2 和 N_2 等气体。甲烷是一种严重的温室气体，它无色、无味、无毒、低密度、难溶于水、可燃。沼气发酵又称甲烷形成作用，其生物化学本质是：产甲烷菌在无氧条件下，利用 H_2 还原 CO_2 等碳源营养物，借以产生能量、细胞物质和代谢废物（CH_4）的生理过程。在发酵罐（池）中，甲烷的形成是多种不同生理特性的微生物群协同作用的共同结果，可分为 3 个阶段。

(1)水解阶段：由多种兼性厌氧和专性厌氧的发酵性细菌把污泥、污水中的各类聚合物(纤维素、多糖、蛋白质、脂肪、核酸等)进行酶解，变成相应单体的过程。参与本阶段的微生物包括一些专性厌氧菌、兼性厌氧菌和一些肠道杆菌等。

(2)产酸阶段：由3部分构成：①初级发酵作用——由多种厌氧性发酵细菌参与，可把单糖、氨基酸、脂肪酸等单体化合物发酵后形成丙酸、丁酸、乳酸、琥珀酸、乙醇、氢气和二氧化碳；②次级发酵作用——由氧化脂肪酸产氢细菌群把初级发酵作用产生的各种有机酸进一步分解成乙酸、氢气和二氧化碳，这群细菌都是一些与产甲烷菌进行互生的共养菌；③乙酸形成作用——此反应由一些同型乙酸产生菌进行。这类微生物都是一些专性厌氧的兼性化能自养菌，它们既可借化能异养方式发酵糖类生活(产生乙酸)，也可进行以 H_2 作为能源和还原 CO_2 的化能自养方式生活(也产生乙酸)。

(3)产气阶段：本阶段由两群不同生理特性的产甲烷菌将一碳化合物(CO_2 等)、氢气和乙酸转化成甲烷和 CO_2，此即甲烷形成作用。其一为氧化氢的产甲烷菌群，它们把 H_2 和 CO_2 等一碳化合物(甲醇、甲酸、甲基胺、CO)转化为 CH_4；另一群为裂解乙酸的产甲烷菌群，它们通过裂解乙酸产生 CH_4。

沼气发酵的三个阶段，见图8-2。

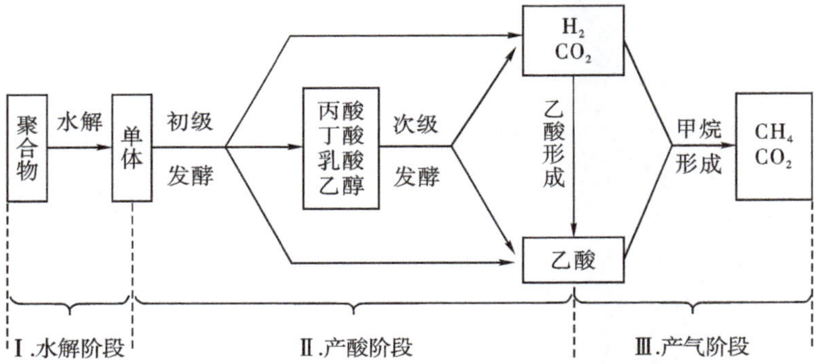

图8-2 沼气发酵的三个阶段

引自：周德庆．微生物学教程．4版．北京：高等教育出版社，2020.

7. 结合嗜冷微生物的特点，谈谈其有何危害和应用。

答：嗜冷微生物指一类最适生长温度低于15℃、最高生长温度低于20℃和最低生长温度在0℃以下的细菌、真菌和藻类等微生物，其主要分布在极地、深海、高山、冰窖和冷藏库等处。其嗜冷机制主要是细胞膜含有大量不饱和脂肪酸，以保证在低温下膜的流动性和通透性。嗜冷菌是低温保藏食品发生腐败的主要原因。因其酶在低温下具有较高活性，故可开发低温下作用的酶制剂，如洗涤剂里用的蛋白酶等。

8. 谈谈肠道正常菌群对宿主的有益作用。

答：肠道正常菌群对宿主具有很多有益作用，包括排阻、抑制外来致病菌，提供维生素等营养，产生淀粉酶、蛋白酶等有助于消化的酶类，分解有毒或致癌物质(亚硝胺等)，产生有机酸、降低肠道 pH 和促进肠道蠕动，刺激机体的免疫系统并提高其免疫力，以及存在一定程度的固氮作用。正常菌群的微生态平衡是相对的、可变的和有条件的。一旦宿主的防御功能减弱、正常菌群生长部位改变或长期服用抗生素等制菌药物后，就会引起正常菌群失调。这时，原先某些不致病的正常菌群成员，就趁机转移或大量繁殖，成了致病菌。这类特殊的致病菌称为条件致病菌，由它们引起的感染，称为内源感染。目前可以采用微生态制剂、益生菌剂或粪菌移植的措施以恢复微生态平衡，达到治病的目的。

9. 试述人类活动对微生物生态分布的影响及其研究意义。

答：当前，一场由人类推动、规模巨大、速度超常、影响深远，却看不见的微生物的全球大迁移，正在迅猛地展开。主要有以下三个方面。

(1)由污水排放引起；全球约有 36 万平方公里耕地依赖城镇污水进行灌溉，而污水中约 80% 是未经处理或未做深度处理的。其中含有的多种微生物，特别是一些耐药菌就会富集或随农产品流转到全球各地。

(2)由人类旅游、迁移或动、植物的转运引起；据报道，人和家畜、家禽所含的微生物生物量，约为陆地野生哺乳动物和鸟类的 35 倍。而由于交通的便捷等原因，人类每年仅旅游一项，就超过 121 亿人次，从而大大促进了肠道微生物的全球大迁移，其中包含了多种耐药菌的迁移。

(3)由巨大的物流、贸易引起；由于运送土、沙、石以及各种农牧产品、工业产品等贸易活动之需，无数万吨轮来往频繁，因其压舱水的排放引起的微生物全球大迁移已日益严重。

以上各类影响若不加以重视，将会给人类当代和后代带来种种不利影响，因此必须及早研究有关问题，如微生物大迁移对全球生态系统的影响，对人类生活和健康的影响，对物种分布和灭绝的影响，以及对生物地球化学的影响，等等。

10. 谈谈水体污染及如何防治？

答：江河、湖泊、湿地等自然水体，尤其是那些快速流动、溶氧量高的水体，对投入其中的少量有机或无机污染物具有很强的自体净化能力，此即自净作用。当水体发生富营养化和严重污染时，自净作用遭到破坏。水体富营养化，这是由于水体中因氮、磷等元素含量过高而导致水体表层蓝细菌和藻类过度生长繁殖，使下层水体缺光少氧，大量死亡藻类又被细菌分解而进一步造成缺氧和有毒的环境。两类典型的水污染现象为水华和赤潮。

防治手段：①强化“防重于治”的观念和制订切实有效的预防措施才能防止赤潮和水华的发生，如生活污水、农牧业污水、工业有机污水和工业有毒污水必须经过技术处理，达标后才能排放；生活中禁用含磷洗涤剂；农业上少施化肥和科学地施用化肥，扩大与根瘤菌共生的固氮作物的栽种面积等。②消除水体中超标的氮磷元素。我国学者于 2009 年报道了一项全新的用“生物浮岛”技术来防止水体富营养化的方法。③积极研究抑制和消除赤潮生物及其毒素的方法。

11. 假设我们要从自然环境中分离纯化能够分解纤维素的微生物，请设计实验并说说实验步骤。

答：实验思路：采集菌样→富集培养→纯种分离→性能测定→菌种保藏。

(1)采集菌样：在自然界中，土壤具备了各种微生物生长发育所需要的营养、水分、空气、酸碱度、渗透压和温度等条件，可以说，土壤是微生物的“天然培养基”，也是它们的“大本营”。因此，土壤是微生物多样性的重要场所，是发掘微生物资源的重要基地，我们可以从肥沃的耕地土壤中分离、纯化纤维素降解菌株。同时，也可以在纤维素丰富的地方采样，比如养鸡场、秸秆地、树林带等，这些地方往往存在着很多能够分解利用纤维素的微生物。

(2)富集培养：人为控制养分或培养条件，增加目的菌数量，增加筛选到目的菌的机会。

(3)纯种分离：采集的样品中微生物数量多，必须先用灭菌的液体培养基进行倍比稀释，再选择合适的稀释倍数菌液涂布于选择性培养基上(纤维素作为唯一碳源)，置于合适的温度下进行培养。只有能够分解利用纤维素的微生物可以在选择性培养基上生长并形成菌落，挑取单个菌落进行再次平板划线或稀释涂布，观察其长出的菌落是否一致，同时进行镜检和染色观察，确定菌株已经纯化。

(4)性能测定：对纯化得到的微生物进行系统的生理生化实验和菌种鉴定，新发现菌种还应命名；研究该菌种降解纤维素的能力，产纤维素酶的种类和活力，评估是否有应用价值等。

(5)菌种保藏：菌种是宝贵的资源，必须根据微生物的类型选择合适的保藏方法保藏，务必做到菌种稳定、不衰退、不污染。

第九章　传染与免疫

一、名词解释

1. 传染：传染又称感染或侵染，指外源或内源性病原体在突破其易感宿主的三道防线(机械屏障、非特异性免疫和特异性免疫)后，在宿主的特定部位定居、生长、繁殖，产生特殊酶和毒素，进而引起一系列病理、生理性反应的过程。

2. 疾病：生物体在一定条件下，由体内或体外的致病因素引起的一系列复杂且有特征性的病理状态，称为疾病。

3. 毒力：毒力又称致病力，表示病原体对宿主致病能力的强弱。对细菌性病原体来说，毒力就是菌体对宿主体表的吸附，向体内侵入，在体内定居、生长和繁殖，向周围组织的扩散蔓延，对宿主防御功能的抵抗，以及产生损害宿主的毒素等一系列能力的总和。不同细菌其毒力组成有很大的差别，现把构成毒力等因素归结为侵袭力和毒素两方面。

4. 外毒素：外毒素指在病原细菌生长过程中不断向外界环境分泌的一类毒性蛋白质，有的属于酶，有的属于酶原，有的属于毒蛋白。

5. 类毒素：类毒素是细菌的外毒素经甲醛脱毒后仍保留原有免疫原性的预防用生物制品。常用的类毒素有白喉类毒素、破伤风类毒素和肉毒类毒素等。

6. 内毒素：内毒素是 G^- 细胞壁外层的组分之一，其化学成分是脂多糖(LPS)。因它在活细胞中不分泌到体外，仅在细菌死亡后自溶或人工裂解时才释放，故称内毒素。若将内毒素注射到恒温动物或人体内后，会刺激宿主细胞释放内源性的热源质，通过它对大脑控温中心的作用，就会引起动物发高热。

7. 免疫：免疫指生物体的免疫系统对一切外来异物或抗原进行非特异性或特异性识别，进而实现排斥清除它们的功能。

8. 非特异性免疫：非特异性免疫又称先天免疫或自然免疫，先天即有、相对稳定、无特殊针对性的对付病原体的天然抵抗能力，对人和高等动物来说，非特异性免疫主要由宿主的屏障结构、吞噬细胞的吞噬功能、正常组织和体液中的抗菌物质以及有保护性的炎症反应等 4 方面组成。

9. 抗原递呈细胞：抗原递呈细胞指任何能与 TD 抗原相结合，经摄取、加工后递呈给特种 T 细胞并使之激活的免疫细胞。APC 包括单核细胞、巨噬细胞、树突细胞、朗氏细胞、枯否氏细胞和 B 细胞等。

10. 抗原递呈：抗原递呈细胞通过吞噬、处理及传递 3 个步骤，对外来抗原物质进行加工、通过 MHC 分子递呈到细胞表面，以激活淋巴细胞的过程。

11. 树突细胞：树突细胞是一种来自骨髓、固定于淋巴结和脾中，外形呈树突状，具有吞噬能力和抗原递呈作用的白细胞。由单核细胞分化后形成，它与巨噬细胞共同组成最重要的激发获得性免疫应答的免疫细胞。

12. 炎症：炎症是机体对病原体的侵入或其他损伤的一种保护性反应，在相应部位出现红、肿、热、痛和功能障碍，是炎症的五大病理性特征。

13. 干扰素：干扰素是高等动物细胞在病毒或 dsRNA 等干扰素诱生剂的刺激下所产生的一种具有高活性、广谱抗病毒等功能的特异性糖蛋白，分子量很小(约 2.0×10^4)，除能抑制病毒在细胞中的增殖外，还具有免疫调节作用(包括增强巨噬细胞的吞噬作用、增强 NK 细胞和 T 细胞的活力)和对癌细胞的杀伤作用等，因此可用于病毒病和癌症的治疗。

14. 免疫应答：免疫应答是指活生物体受到抗原刺激，经过抗原特异性淋巴细胞对抗原的识别(感应)，继而淋巴细胞发生活化、增殖、分化等一系列变化，最终表现出相应的体液免疫或/和细胞免疫的反应过程。免疫应答有 3 个突出特点：能识别异己、具有特异性和记忆性。

15. 细胞免疫：细胞免疫指机体在抗原刺激下，一类小淋巴细胞(依赖胸腺的 T 细胞)发生增殖、分化，进而直接攻击靶细胞或间接释放一些淋巴因子的免疫作用。

16. 体液免疫：体液免疫指机体受抗原刺激后，来源于骨髓的一类小淋巴细胞(B 细胞)进行增殖并分化为浆细胞，由它合成抗体并释放到体液中来发挥功能的免疫作用。

17. T 细胞：即 T 淋巴细胞，起源于骨髓，在胸腺中分化成熟，是一类参与特异性免疫应答的小淋巴细胞，主要执行细胞免疫功能，包括细胞介导的细胞毒作用和迟发型超敏反应，也参与抗体的形成和炎症反应等。

18. B 细胞：即 B 淋巴细胞，是一种在细胞膜表面带有自己合成的免疫球蛋白(也称膜抗体)表面受体、产生免疫球蛋白和向 T 细胞递呈抗原的淋巴细胞。

19. 细胞因子：细胞因子是一类存在于人和高等动物体内的、由白细胞和其他细胞合成的异源性蛋白或糖蛋白，一般以小分子分泌物的形式释放，可结合在靶细胞的特异受体上，有激活和调节免疫系统的多种功能。

20. MHC：MHC 是指主要组织相容性复合体(major histocompatibility complex)，它们是机体的自身标志性分子，参与 T 细胞识别相应抗原以及免疫应答中各类免疫细胞间的相互作用，还可限制 NK 细胞不致误伤自身组织，是机体免疫系统中识别"自身"或"异己"分子的重要分子基础。

21. CD：CD 是指白细胞分化抗原(cluster of differentiation)，是各类白细胞表达其不同发育分化阶段所特有的膜表面分子，种类极多，迄今已知的就有近 200 种(分别标以 CD1、CD2……)。CD 具有参与细胞活化、介导细胞迁移等多种功能。

22. 黏附分子：黏附分子是广泛分布于免疫细胞和非免疫细胞表面，介导细胞间、细胞与基质间相互接触和结合的分子，具有参与活化信号转导、细胞迁移或炎症反应等功能。

23. 抗原：抗原是一类能诱导机体发生免疫应答并能与相应抗体或 T 细胞受体发生特异性免疫反应的大分子物质，抗原又称免疫原。

24. 抗原决定簇：抗原决定簇又称抗原表位，指位于抗原表面可决定抗原特异性的特定化学基团。

25. 初次应答：初次应答指首次用适量抗原注射进动物体内后，须经一段较长的潜伏期，待免疫活性细胞进行增殖、分化后，才能在血流中检出抗体的免疫应答过程。初次免疫应答产生的抗体多为 IgM，滴度低，维持时间短，且很快会下降。

26. 再次应答：再次应答指在初次应答后的抗体下降期再次注射同种抗原进行免疫时，会出现一个潜伏期明显缩短、抗体以 IgG 为主、滴度高、维持时间长的阶段。

27. 浆细胞：分泌抗体的细胞，其形态较大、寿命较短。

28. 单克隆抗体：单克隆抗体指由一纯系 B 细胞克隆经分化、增殖后的浆细胞所产生的成分单一、特异性单一的免疫球蛋白分子。

29. 凝集反应：颗粒性抗原(完整的细菌细胞或血细胞等)与相应的抗体在合适的条件下反应并出现肉眼可见的凝集团现象，称凝集反应或直接凝集反应。用于此反应中的抗原又称凝集原，抗体则称凝集素。

30. 沉淀反应：可溶性抗原与其相应的抗体在合适的比例和适当的条件下反应，出现肉眼可见的沉淀物现象，称为沉淀反应。用于此反应中的抗原又称沉淀原，抗体又称沉淀素。

31. ELISA：ELISA 是指酶联免疫吸附法，简称酶标法，是一种把抗原、抗体反应的特异性与酶和底物反应的特异性以及灵敏性相结合起来的免疫酶技术。其中的酶与已知的抗原或抗体交联，可形成酶标抗原或抗体。反应与否以及反应物的量可借加入该酶的无色底物是否被酶解而产生色素或色素的形成量来测定。一般把抗原或抗体吸附在聚苯乙烯固相载体上进行反应。此法被广泛用于检测各种抗原或抗体。

32. Western blot：Western blot 是指免疫印迹，又称蛋白质印迹，是一种高特异性和高分辨率分析蛋白质的免疫学技术。几种分子量不同的蛋白质(抗原)先经 SDS－PAGE 凝胶电泳分离出不同的条带，再转印至硝酸纤维薄膜上，然后用酶或同位素标记的抗体对条带进行显色(或放射自显影)和鉴定。此法兼有 SDS－PAGE 的高分辨率和免疫反应的高特异性等优点，常用于检测不同基因所表达的各种微量蛋白质抗原。

33. 免疫接种：免疫接种又称接种，是指用人工方法把失活或低毒的病原体或其产物接入机体，以刺激机体免疫系统对相应病原体或其有毒产物产生保护性免疫力。

34. 疫苗：用于预防传染病的抗原制剂称为疫苗。通常用钝化、弱化或无害的病原体或其产物制成，用以刺激机体产生保护性免疫力，以预防或控制传染病的流行。

35. 自身疫苗：自身疫苗又称自体疫苗，指从患者自身病灶中分离出来的病原体所制成的死疫苗。

36. 抗病毒血清：一类用病毒作为抗原去免疫动物后，取其含抗体的血清制成的精制治疗用生物制品。

37. 免疫调节剂：免疫调节剂是一类能增强、促进和调节免疫功能的非特异性生物制品。

二、填空题

1. 诊断，预防，治疗
2. 机械屏障，非特异性免疫，特异性免疫
3. 免疫防御，免疫稳定，免疫监视
4. 半数致死量(LD_{50})，半数感染量(ID_{50})
5. 250，2，家兔，鲎试剂法
6. 急性传染，慢性传染，局部感染，全身感染，毒血症，菌血症，败血症，脓毒血症
7. 占位效应，竞争营养物，形成生长抑制物
8. 中性粒细胞，嗜碱性粒细胞，嗜酸性粒细胞，中性粒细胞
9. 感应阶段，增殖和分化阶段，效应阶段，细胞免疫，体液免疫
10. $CD4^+$，$CD8^+$
11. 免疫原性，抗原性，免疫反应性，反应原性
12. K 抗原，Vi 抗原，O 抗原，H 抗原
13. 2，1，2，0，0，4，2，10
14. 凝集原，凝集素，抗血清
15. 抗原，可溶性抗原，抗原决定簇
16. 中和试验，细菌外毒素，酶，病毒
17. 荧光素，酶，放射性同位素
18. 10^{-9}或10^{-12}，^{125}I，^{131}I，^{3}H，^{35}S

三、单项选择题

1. D　2. C　3. B　4. D　5. A　6. C　7. C　8. D　9. D　10. C

11. C　12. B　13. B　14. D　15. D　16. C　17. C　18. C　19. D　20. D
21. A　22. D　23. C　24. A　25. C　26. A　27. A　28. B　29. D　30. D
31. A　32. D　33. D　34. D　35. D　36. D　37. B　38. B　39. D

四、判断题（答 A 表示说法正确，答 B 表示说法不正确，不正确的题目须指出错误并修改）

1. (B)解析：免疫学方法具有高度特异性和灵敏度，可用于基础理论研究中生物大分子的定性、定量和定位。

2. (A)

3. (B)解析：医院是人员密集场所，患者携带病原菌多样，病患在医院内被感染的风险大，而且95%的病原菌属于耐药性条件致病菌，所以在医院更需要做好个人卫生防护。

4. (A)

5. (A)

6. (B)解析：多形核白细胞形状较小(10～15μm)，寿命短(半衰期6～7h)。

7. (A)

8. (A)

9. (B)解析：IFN虽有广谱抗病毒的特性，但受宿主种属特异性的限制。例如只有人细胞产生的干扰素才能保护人细胞免受各种病毒的感染。

10. (A)

11. (A)

12. (B)解析：细胞因子与内分泌激素在性质和功能上全然不同：①细胞因子可由多种细胞产生，并可作用于不同的细胞；②主要对邻近的靶细胞起作用；③功能多样；④不同种的细胞因子有时可有相同功能；⑤有的细胞因子具有丝裂原(mitogen)的功能。

13. (A)

14. (A)

15. (B)解析：大分子是抗原的首要条件，其分子量一般都大于1.0×10^4，凡小于4.0×10^3者，一般不具免疫原性。在这一范围内，一般免疫原性还与分子量成正比。但少数物质例外，如明胶的分子量虽高达1.0×10^5，但因其中缺乏含苯环的氨基酸，又易降解，故免疫原性很弱；又如，胰岛素的分子量虽仅为5734，但因其氨基酸成分和肽链结构较复杂，也具有免疫原性；再如，由人工合成的分子量仅为4.0×10^2的物质，因其由苯基丰富的3个酪氨酸和1个p－偶氮苯砷酸盐组成，居然也出现了免疫原性。

16. (A)

17. (B)解析：免疫调节剂是一类能增强、促进和调节免疫功能的非特异性生物制品。它对治疗免疫功能低下、某些继发性免疫缺陷症和某些恶性肿瘤等疾病具有一定的作用；但对免疫功能正常的人却不起作用。

五、简答题

1. 请列表比较细菌外毒素和内毒素的区别。

答：细菌外毒素和内毒素的比较见表9－1。

表9－1 细菌外毒素和内毒素的比较

比较项目	外毒素	内毒素
产生菌	G^+为主	G^-
化学成分	蛋白质	脂多糖(LPS)
释放时间	活菌随时分泌	死菌溶解后释放
致病类型	不同外毒素致病类型不同	不同病原菌的内毒素作用基本相同
抗原性	完全抗原，抗原性强	不完全抗原，抗原性弱或无
毒性	强	弱
引起宿主发热	不明显	明显
制成类毒素	能	不能
热稳定性	60～100℃半小时即破坏	耐热性强
存在状态	细胞外，游离态	结合在细胞壁上
举例	白喉毒素，破伤风毒素，肉毒毒素，链球菌红疹毒素，葡萄球菌肠毒素，霍乱弧菌肠毒素，大肠杆菌肠毒素，志贺痢疾杆菌肠毒素等	沙门菌、志贺菌、奈瑟球菌和大肠埃希菌等G^-所产生的内毒素

引自：周德庆．微生物学教程，4版．北京：高等教育出版社，2020.

2. 简述病原体侵入易感宿主的路径有哪些，并各举1～3例。

答：①消化道：消化道是各种病原体侵入人和动物宿主最常见的途径，如幽门螺杆菌、甲型肝炎病毒和脊髓灰质炎病毒等；②呼吸道：如结核分枝杆菌、流感、新冠、肺炎支原体等；③皮肤创口：经浅部皮肤创伤，包括烫伤、咬伤和不洁手术而侵入，如金黄色葡萄球菌、破伤风梭菌、炭疽芽孢杆菌、狂犬病毒、乙型肝炎病毒等；④泌尿生殖道：如淋病奈瑟球菌、引起淋病和梅毒类性病的病原体、HIV等；⑤其他途径：如艾滋病、疱疹、乙型肝炎等的病原体还可通过胎盘、产道等途径由母亲传给婴儿，称为垂直传播途径，炭疽芽孢杆菌可通过皮肤、呼吸道和消化道3种途径引起人畜共患的严重炭疽病。

3. 简述免疫的定义和功能。

答：免疫是机体识别和排除抗原性异物的一种保护性功能，在正常条件下，它对机体有利；在异常条件下，也可损害机体。具体地说，免疫功能包括：①免疫防御。正常情况：防御病原体的侵害和中和其毒素(抗传染免疫)；功能异常：反应过高时，引起变态反应或免疫缺陷征。②免疫稳定。正常情况：清除体内自然衰老或损伤的细胞，进行免疫调节；功能异常：识别紊乱，导致自身免疫病的发生。③免疫监视。正常情况：某些免疫细胞发现并清除突变的癌细胞；功能失调时，导致癌症或持续性感染的发生。

4. 简述宿主免疫力的三道防线。

答：宿主的免疫力分为非特异性免疫和特异性免疫，第一道防线和第二道防线为非特异性免疫，第三道防线为特异性免疫。第一道防线包括：①外部屏障，皮肤、黏膜正常菌群的拮抗作用；②内部屏障，血脑屏障，血胎屏障。第二道防线包括：①抗菌物质，补体、溶菌酶、干扰素等；②吞噬细胞的吞噬作用；③炎症反应；④淋巴结的"过滤"作用。第三道防线包括：①体液免疫：浆细胞产生抗体蛋白；②细胞免疫：由致敏T细胞释放各种淋巴因子。

5. 怎么理解炎症是一种防御病原体入侵的积极的免疫反应?

答：炎症既是一种病理过程，又是一种防御病原体入侵的积极的免疫反应，原因是：①可动员大量吞噬细胞聚集在炎症部位；②血流的加速使血液中抗菌因子和抗体发生局部浓缩；③死亡的宿主细胞堆积可释放一部分抗菌物质；④炎症中心部位氧浓度的下降和乳酸浓度的提高可抑制多种病原体的生长；⑤炎症部位体温的升高可降低某些病原体的繁殖速度；⑥炎症引起的升温("发热")有助于白细胞穿过微静脉血管壁进入淋巴组织，加速免疫应答，以便与细菌等病原体进行更好的斗争。

6. 简述干扰素的诱导过程和作用机制。

答：病毒侵染人或动物细胞甲后，在其中复制并产生dsRNA，由它再诱导产生干扰素RNA，进一步翻译出IFN。这时，宿主细胞甲死亡，所产生的IFN对同种细胞乙上的相应受体有极高的亲和力，两者结合后，可刺激细胞乙合成抗病毒蛋白(antiviral protein，AVP)或称翻译抑制蛋白(translation inhibitory protein ，TIP)。当同种病毒侵入细胞乙时，这种AVP与侵染病毒的dsRNA结合，活化了AVP，活化的AVP降解病毒mRNA，其结果阻止了病毒衣壳蛋白的翻译，于是抑制了病毒的正常增殖。

7. 简述特异性免疫的作用及其特点。

答：特异性免疫也称获得性免疫或适应性免疫，是相对于非特异性免疫而言的，其主要功能是识别非自身和自身的抗原物质，并对它产生免疫应答，从而保证机体内环境的稳定状态。特点为：①是生物个体在其后天活动中接触了相应的抗原而获得的，故又称后天性免疫；②其产物与相应的刺激物(抗原)之间是特异的；③包括体液免疫(即抗体介导免疫)和细胞免疫(即细胞介导免疫)；④特异性免疫在同种生物的不同个体间或同一个体在不同条件下有着明显的差别。

8. 列表比较T细胞和B细胞的区别。

答：T细胞和B细胞的区别如表9-2所示。

表 9－2 T 细胞和 B 细胞的区别

比较项目	T 细胞	B 细胞
来源	骨髓	骨髓
成熟部位	胸腺	骨髓
寿命	数月至数年	或长(数月至数年)或短(数天至数周)
运动性	运动性强	运动性差
抗原受体	T 细胞受体(TCR)	补体受体和 SmIg
增殖和分化	在抗原刺激后发生增殖	在抗原刺激后发生增殖，并分化为浆细胞和记忆细胞
产物	合成并释放各种淋巴因子	合成并释放抗体(Ig)
E(红细胞)受体	有	无
CD 抗原	CD3，CD4/CD8	CD20，CD19
IgG－Fc 受体	少	多
免疫功能	细胞免疫，免疫调节	体液免疫，递呈抗原
其他功能	引起迟发型超敏反应(T_D)，协助 B 细胞产 Ig(T_H)，在细胞介导免疫中杀伤靶细胞（Tc），控制免疫应答(Ts)	
主要分布	胸腺、胸导管、血液、淋巴结	脾、骨髓、肠道集合淋巴结

引自：周德庆．微生物学教程，4 版．北京：高等教育出版社，2020.

9. 简述抗体及其特点。

答：抗体(antibody，Ab)是高等动物体在抗原物质的刺激下，由浆细胞产生的一类能与相应抗原在体内外发生特异结合的免疫球蛋白。纯化后的 Ig 分为 5 类，其统一名称为 IgG、IgA、IgM、IgD 和 IgE。

抗体的 5 个特点是：①仅由鱼类以上脊椎动物的浆细胞所产生；②必须由相应抗原物质刺激免疫细胞后才能产生；③能与相应的抗原发生特异性、非共价和可逆的结合；④其化学本质是一类具有体液免疫功能的可溶性球蛋白；⑤因抗体是蛋白质，故既具抗体功能也可作为抗原去刺激异种生物产生相应的抗体，这就是抗抗体(antiantibody)。

10. 列表比较人工自动免疫和人工被动免疫的区别。

答：人工自动免疫和人工被动免疫的区别如表 9－3 所示。

表 9－3 人工自动免疫和人工被动免疫的区别

比较项目	人工自动免疫	人工被动免疫
输入物	抗原(疫苗、类毒素等)	抗体(现成的)
免疫力出现时间	较慢(需 1 ~4 周)	立即
免疫力维持时间	较长(数月至数年)	较短(2 周至数月)
免疫记忆	有	无
对免疫系统的作用	激活	不明显
主要用途	传染病的预防	传染病的治疗或应急预防

引自：周德庆．微生物学教程，4 版．北京：高等教育出版社，2020.

六、综述题

1. 论述病原体突破宿主防御功能、侵入机体并在其中定居、生长繁殖和实现蔓延扩散的能力有哪些?

答：病原体突破宿主防御功能、侵入机体并在其中定居、生长繁殖和实现蔓延扩散的能力称为侵袭力，包括以下三种能力：①吸附和侵入能力：如生活在人体肠道的致病菌可通过其菌毛而吸附在肠道上皮上，吸附后，有的病原体仅在原处生长繁殖并引起疾病，有的侵入细胞内生长、产毒并杀死细胞、产生溃疡，有的则通过黏膜上皮细胞或细胞间质，侵入表层下部组织或血液中进一步扩散等。菌毛(fimbria)在吸附中起着主要的作用。

②繁殖和扩散能力：不同的病原体有不同的繁殖、扩散能力，但主要都是通过产生一些特殊酶而完成的，如透明质酸酶，旧称“扩散因子”，可水解机体结缔组织中的透明质酸，引起组织松散、通透性增加，有利于病原体迅速扩散，因而可发展成全身性感染。胶原酶，又称 κ 毒素，能水解胶原蛋白以利于病原体在组织中扩散。血浆凝固酶能使血浆加速凝固成纤维蛋白屏障，以保护病原体免受宿主吞噬细胞的吞噬和抗体的攻击。链激酶，又称血纤维蛋白溶酶，能激活血纤维蛋白溶酶原(胞浆素原)，使之变成血纤维蛋白溶酶(胞浆素)，再由后者把血浆中的纤维蛋白凝块水解，从而有利于病原体在组织中扩散。卵磷脂酶可水解各种组织的细胞，尤其是红细胞。

③抵抗宿主防御功能的能力：种类很多，如一些产荚膜、微荚膜细菌的抗白细胞吞噬能力；一些菌可产生溶血素去抑制白细胞的趋化性；一些菌可产生 A 蛋白，它与调理素(抗体 IgG)相结合后，可抑制白细胞对已调理细菌的吞噬；痢疾志贺菌可通过抑制宿主肠道上皮抗菌肽基因的转录而有利于自己的大量繁殖等。

2. 如何理解干扰素是一类特殊免疫系统。

答：干扰素是一类由脊椎动物细胞所产生的、防御外来有害物质尤其是“有害核酸”入侵的生理活性产物，是一类与一般免疫系统有分工的特殊免疫系统。两者不同的是，干扰素系统是以细胞为单位，并没有组织水平和细胞水平上的大量严格分化；干扰素诱生剂与一般的抗原物质不同，主要是双链核苷酸，其反应产物是干扰素，而不是一般的抗体；以及诱生剂与产物(干扰素)之间无特异性的结合反应等。

3. 请说说单克隆抗体制备技术及其发展。

答：单克隆抗体制备技术：

(1)选择亲本细胞株：第一种亲本细胞——骨髓瘤细胞，选用 HGPRT 酶(次黄嘌呤－鸟嘌呤磷酸核糖基转移酶)缺陷型细胞或 TK 酶(thymidine kinase，胸苷激酶)缺陷型细胞，其在 HAT 培养基上不能生长。第二种亲本细胞——B 细胞，是用绵羊红细胞先免疫小鼠，待其在脾内形成激活的 B 细胞后，再取出脾，制成 B 细胞悬液。

(2)混合双亲细胞：将 B 细胞与骨髓瘤细胞以 2∶1 至 10∶1 的比例混合。

(3)促进两者融合：早期的融合剂为仙台病毒，近年来多用 PEG(分子量在 1000～4000)。

(4)淘汰未融合的亲本：把经促融处理的细胞分装在塑料板的微孔内，在 HAT 选择培养液中培养 2 周左右，结果未经融合的亲本细胞因不能合成核酸而死亡。存活的杂交后融合子经产物鉴定，选出优良的 McAb 产生株。

(5)杂交瘤的扩大培养：优良淋巴细胞杂交瘤细胞株可通过注射到动物体内增殖，也可在组织培养瓶或新型的细胞培养罐中进行扩大培养。

(6)单克隆抗体的改造：人们发现鼠源 McAb 在人体中应用时有很多缺点，例如易从循环系统中清除，难以激发宿主的免疫防御系统，以及引发人体产生抗鼠抗体，目前已通过遗传工程的手段改造杂交瘤的抗体基因，从而生产含鼠抗体的 Fab 和人抗体的 Fc 片段的人－鼠嵌合抗体或人－兔嵌合抗体等；利用烟草等转基因植物生产 McAb 也已成功。

目前已从第一代(指直接由杂交瘤分泌的 McAb)、第二代(指利用细胞杂交和基因工程技术制备的 McAb)发展到了第三代(指利用抗体库技术可筛选出针对任何抗原的 McAb)，其中属于第二代的单克隆抗体有嵌合抗体(由小鼠 Ig 的 V 区与人 Ig 的 C 区经重组 DNA 技术合成)和双功能抗体(又称双特异性抗体，指 Ig 的两臂可同时与不同抗原相结合的抗体)，它们比一般 McAb 有更多的优点。目前第四代单克隆抗体时代已经到来，是利用转基因动物或植物大量生产人用的 McAb。由于此法生产的产品价廉物美，必将促进“抗体药物时代”的快速到来。据报道，在 2006 年全世界上市的 23 个重要药物中，抗体药物就占了 7 个。

4. 免疫学方法中抗原、抗体反应的一般规律有哪些。

答：(1)特异性：抗原决定簇和抗体分子 V 区间的各种分子引力和立体构象是它们之间特异性的物质基础，这种高度特异性是各种血清学反应及其应用的理论依据。

(2)可逆性：抗原抗体间的结合仅是一种物理结合，故在一定条件下是可逆的。

(3)定比性：抗原物质表面的抗原决定簇数目一般较多，故属多价的；而抗体一般仅以单体形式存在，故是二价的，所以，只有当两者比例合适时，才会出现可见反应。

(4)阶段性：抗原与抗体的反应一般有两个明显的阶段，第一阶段的特点是时间短(一般仅数秒)，不可见；第二阶段的特点是时间长(从数分钟至数小时或数天)，可见。第二阶段的出现受多种因子影响，如抗原抗体的比例、pH、温度、电解质和补体等。两个阶段间并无严格的界线。

(5)条件依赖性：抗原与抗体反应的最佳条件一般为 pH 6～8，温度 37～45℃，适当振荡，以及用生理盐水作为电解质等。

5. 写出补体结合试验的基本原理和优缺点。

答：补体结合试验是一种有补体参与，并以绵羊红细胞和溶血素(红细胞的特异性抗体)是否发生溶血反应做指示的高度灵敏的测定抗原与抗体间特异性反应的免疫学方法。其中共有 2 个系统和 5 种成分参与反应。

反应的基本原理：①补体可与任何抗原和抗体的复合物相结合；②指示系统如遇还未被抗原和抗体复合物所结合的游离补体，就会出现肉眼易见的溶血反应。凡指示系统未发生溶血现象者，即为补体结合试验阳性，亦说明试样中存在待验证的抗体(也可测试有无抗原)。反之，出现可见的溶血现象，即为补体结合试验阴性。

本试验的优点：①既可检测未知抗体，也可检测未知抗原；②既适合做沉淀反应，也适合做凝集反应；③尤其适宜检出微量抗原与抗体间出现的肉眼看不见的反应，因此可提高一般血清学反应的灵敏度。其缺点是操作复杂、影响因素较多。

6. 淋巴细胞杂交瘤技术是生命科学和基础医学研究领域中一次具有重大革命意义的创举，该技术的建立，其意义可与 19 世纪 80 年代初的科赫学派建立细菌纯种分离和纯培养技术相比拟，同时该技术的建立人也荣获了 1984 年的诺贝尔生理学或医学奖。对于给予淋巴细胞杂交瘤技术如此高的评价，谈谈你的理解。

答：淋巴细胞杂交瘤技术是集细胞融合方法、骨髓瘤细胞株的制备、微生物营养缺陷型的获得和选择培养基原理在动物细胞培养中的应用等多种实验技术于一体的一项复杂技术。建立淋巴细胞杂交瘤技术是生产单克隆抗体的前提，而单克隆抗体有着极其广泛的应用，如下所述：

(1)单克隆抗体在基础研究中的应用：①具均质分子的 McAb 为深入研究 Ig 的一级结构和高级结构提供了理想的实验材料，为研究 Ig 的生物合成的遗传机制和代谢调控创造了必要条件，为研究抗原与抗体的结合机制提供了可靠的模型；②还可制成荧光抗体探针，借以对生物大分子进行精确定位等。

(2)单克隆抗体在实践中的应用：因为 McAb 具有特异性强、敏感性高、重复性和稳定性好等优点，可用于精确地诊断疾病或提供抗病毒病等的高效治疗剂；用 McAb 制成的固相亲和层析系统可用于提纯相应的抗原；若用 McAb 制备“药物导弹”则可用作治疗肿瘤等的靶向药物。

第十章 微生物的分类和鉴定

一、名词解释

1. 种：种指的是一个基本分类单元，它是一大群表型特征高度相似、亲缘关系极其接近、与同属内的其他物种有着明显差异的菌株的总称。

2. 模式种：指在微生物中，一个种只能用该种内的一个典型菌株当作它的具体代表，故此典型菌株就成了该种的模式种。

3. 新种：新种是指最新权威性的分类、鉴定手册中从未记载过的一种新分离并鉴定过的微生物。

4. 双名法：双名法指一个物种的学名由前面一个属名和后面一个种加词两部分组成。

5. 属名：属名指一个表示该微生物主要特征的名词或用作名词的形容词，单数，第一个字母应大写。

6. 菌株：菌株表示任何由一个独立分离的单细胞(或单个病毒粒)繁殖而成的纯遗传型。

7. GC 比：GC 比指 DNA 碱基比例，即(G + C) mol% 值，它表示 DNA 分子中鸟嘌呤(G)和胞嘧啶(C)所占的摩尔百分比值，即 $(G+C)\ mol\% = \frac{G+C}{A+T+G+C} \times 100\%$

8. 分子系统发育树：系统发育学常用一种类似树状分枝的谱图来表示各种(类)生物之间的亲缘关系，这种谱图称为系统发育树或树状谱。通过比较生物大分子序列信息构建的系统树称为分子系统发育树。

9. 核酸分子杂交法：指按碱基的互补配对原理，用人工方法对两条不同来源的单链核酸进行复性，以重新构建一条新的杂合双链核酸的技术，称为核酸分子杂交。核酸分子杂交法是测定核酸分子同源程度和不同物种间亲缘关系的有效手段。

10. rRNA 寡核苷酸编目分析：rRNA 寡核苷酸编目分析指一种通过测定原核或真核细胞中最稳定的 rRNA 寡核苷酸序列同源性程度，以确定不同生物间的亲缘关系和进化谱系的方法。

11. 数值分类法：数值分类法指一种依据数值分析的原理，借助现代电子计算机技术对拟分类的微生物对象按大量表型性状的相似性程度进行统计、归类的方法。

二、填空题

1. 分类，鉴定，命名
2. 个别，一般，具体，抽象
3. 微生物，学名
4. 拉丁词(或拉丁化的词)
5. 界，门，纲，目，科，属，种
6. 属名，种名加词
7. 大写，小写
8. 细菌域，古菌域，真核生物域
9. 形态，生理生化反应，生态特征，生活史，血清学反应，对噬菌体的敏感性
10. 计算两菌株间的相关系数，列出相似度矩阵，将矩阵图转换成树状谱

三、单项选择题

1. D　2. B　3. C　4. A　5. C　6. B　7. D　8. A　9. D　10. C

四、判断题（答 A 表示说法正确，答 B 表示说法不正确，不正确的题目须指出错误并修改）

1. (A)

2. (B)解析：双名法应该是由属名，种加词组成的，三名法应该是属名，种加词，亚种或变种名的加词。

3. (B)解析：三名法应该是属名，种加词，亚种或变种名的加词。

4. (A)

5. (B)解析：属名的第一个字母应该大写。

6. (A)

7. (B)解析：菌株表示由独立的单细胞或单个病毒粒子繁殖而成的纯种群体及其后代。菌株与表示无性繁殖的克隆概念相似。

8. (B)解析：菌种的科学名称是按照“国际命名法规”进行命名并受国际学术界公认的通用正式名称。

9. (A)

10. (A)

11. (B)解析：三域学说中的三域，按最新名称应该称为细菌域、古菌域和真核生物域。

12. (B)解析：应该是细胞体积较大的真菌。

13. (A)

14. (B)解析：病毒微生物应该是使用电子显微镜。

15. (A)

16. (B)解析：其亲缘关系也未必十分接近。

17. (A)

18. (A)

19. (B)解析：利用全细胞水解液的糖型来鉴定放线菌。

20. (A)

21. (B)解析：气相色谱分析对厌氧菌的鉴定十分有用。

五、简答题

1. 微生物分类鉴定方法分成哪几个水平？

答：微生物分类鉴定方法分成 5 个不同水平：①细胞形态和习性水平；②细胞组分化学水平；③蛋白质水平；④核酸水平；⑤数学统计学或计算生物学水平。

2. 微生物分类鉴定的经典方法其工作步骤有哪些？

答：工作步骤：①获得该微生物的纯培养物；②测定一系列必要的鉴定指标；③查找权威的菌种鉴定手册。

3. 国内外常用的有代表性的系列化、标准化和商品化的鉴定系统有哪些？试举例。

答：有代表性的鉴定系统如下：

(1) API 系统数值鉴定系统。

(2)“Enterotube”系统。

(3)“Biolog”全自动和手动细菌鉴定系统。

(4)细菌和病毒的灵敏快速鉴定法等：①生物芯片法；②免疫传感器法；③激光散射仪法。

4. 微生物分类鉴定中的现代方法有哪些？

答：①通过核酸分析鉴定微生物遗传型；②细胞化学成分用作鉴定指标；③数值分类法。

5. 测定生物 GC 比有何鉴定学意义？

答：通过比较可以发现：①亲缘关系相近的种，其基因组的核苷酸序列相近，故两者的 GC 比也接近；反之，GC 比相近的两个种，他们的亲缘关系则不一定都很接近，原因是核苷酸的序列差别很大。②GC 比差别很大的两种微生物，他们的亲缘关系必然较远。③GC 比是建立新分类单元时的可靠指标。

6. 有哪些细胞的化学成分可以作为鉴定指标？

答：①细胞壁的化学成分；②全细胞水解液的糖型；③磷酸类脂成分的分析；④枝菌酸的分析；⑤醌类的分析；⑥气相色谱技术用于微生物分析。

六、综述题

1. 为什么把 16S rRNA(18S rRNA)基因作为研究生物进化的主要对象？

答：主要是因为：①16S rRNA(18S rRNA)基因普遍存在于各类原核生物和真核生物中，在进化历程中功能重要且稳定，而且分子中存在高度保守、中度保守和高变化的序列区域，因此适用于对亲缘关系远近不同的各类生物的比较。②分子量大小适中，既含有适当的信息量，在技术上又便于序列测定和序列资料的分析比较。

2. 用于微生物鉴定的经典指标有哪些？随着新的理化技术在微生物鉴定中的应用，经典的分类指标会被淘汰吗？为什么？

答：微生物鉴定的经典指标有形态、生理、生化反应、生态特性、生活史、血清学反应、对噬菌体的敏感性等。经典的分类指标不会被淘汰，因为这些指标是微生物鉴定中最常用、最方便和最重要的数据，也是任何现代化的分类鉴定方法的基本依据。

3. 什么是 G + Cmol% 值？它在微生物分类鉴定中有什么重要性？

答：G + Cmol% 值是 DNA 碱基比例，简称“GC 比”，它表示 DNA 分子中鸟嘌呤(G)和胞嘧啶(C)所占的摩尔百分比值。这是目前发表任何微生物新种时所必须具有的重要指标。通过测定多种生物的 GC 比后，可以发现以下几个特点：①亲缘关系相近的种，其基因组的核苷酸序列相近，故两者的 GC 比也接近；②GC 比差距很大的两种微生物，他们的亲缘关系必然较远；③GC 比是建立新分类单元时的可靠指标。

4. 什么是核酸分子杂交法？它在微生物分类鉴定中有什么应用？

答：核酸分子杂交法是指按碱基的互补配对原理，用人工方法对两条不同来源的单链核酸进行复性，以重新构建一条新的杂合双链核酸的技术。此法可用于 DNA - DNA、DNA - rRNA 和 rRNA - rRNA 分子间的杂交。核酸杂交法是测定核酸分子同源程度和不同物种间亲缘关系的有效手段。核酸杂交技术对有争议的种的界定和确定新种有着重要的作用。

5. 什么是数值分类法？其工作原理和工作基本步骤有哪些？

答：数值分类法是一种依据数值分析的原理，借助现代电子计算机技术对拟分类的微生物对象按大量表型性状的相似程度进行统计、归类的方法。数值分类的原理是约在200年前与林奈同代的法国植物学家Adanson提出来的。工作原理是首先准备一批待研究的菌株和有关典型菌种的菌株，被当作OUT(操作分类单元)，由于数值分类中的相关系数S_{sm}是以被研究菌株间共同特征的相关性为基础的，因此要求用50个以上、甚至几百个特征进行比较，且所比较的特征越多，所得结果就越精确。在比较不同的菌株时，都要采用一套共同的可比特征，包括形态、生理、生化、遗传、生态和免疫学特征等。

工作基本步骤主要包括：①计算两菌株间的相关系数；②列出相似度矩阵；③将矩阵图转换成树状谱。

参考文献

[1]周德庆．微生物学教程．4 版．北京：高等教育出版社，2020.
[2]周德庆．微生物学教程．3 版．北京：高等教育出版社，2011.
[3]周德庆，徐士菊．微生物学精要·题解·测试．北京：化学工业出版社，2007.
[4]肖敏，沈萍．2 版．微生物学学习指导与习题解析．北京：高等教育出版社，2011.